Heinrich Lamping
Gerlinde Lamping

Naturkatastrophen

Spielt die Natur verrückt?

Springer-Verlag
Berlin Heidelberg New York
London Paris Tokyo
Hong Kong Barcelona
Budapest

Mit 44 Abbildungen, davon 11 in Farbe

ISBN-13:978-3-540-59097-2   e-ISBN-13:978-3-642-79647-0
DOI: 10.1007/978-3-642-79647-0

Dieses Werk ist urheberrechtlich geschützt. Die dadurch begründeten Rechte, insbesondere die der Übersetzung, des Nachdrucks, des Vortrags, der Entnahme von Abbildungen und Tabellen, der Funksendung, der Mikroverfilmung oder der Vervielfältigung auf anderen Wegen und der Speicherung in Datenverarbeitungsanlagen, bleiben, auch bei nur auszugsweiser Verwertung, vorbehalten. Eine Vervielfältigung dieses Werkes oder von Teilen diese Werkes ist auch im Einzelfall nur in den Grenzen der gesetzlichen Bestimmungen des Urheberrechtsgesetzes der Bundesrepublik Deutschland vom 9. September 1965 in der jeweils geltenden Fassung zulässig. Sie ist grundsätzlich vergütungspflichtig. Zuwiderhandlungen unterliegen den Strafbestimmungen des Urheberrechtsgesetzes.

© Springer-Verlag Berlin Heidelberg 1995

Redaktion: Ilse Wittig, Heidelberg
Umschlaggestaltung: Bayerl & Ost, Frankfurt
unter Verwendung einer Illustration von Andreas Karl
Innengestaltung: Andreas Gösling, Bärbel Wehner, Heidelberg
Herstellung: Andreas Gösling, Heidelberg
Satz: Datenkonvertierung durch Springer-Verlag

67/3130 - 5 4 3 2 1 0 - Gedruckt auf säurefreiem Papier

Inhaltsverzeichnis

1 Einleitung 1
Spielt die Natur verrückt?
Eine aktuelle Einführung 1
Naturereignisse – eine thematische Einführung .. 5

**2 Endo- und exogene Kräfte
als Verursacher von Naturkatastrophen** .. 11
Aus dem Erdinnern bewirkte Katastrophen 13
   Vulkane und Erdbeben
   in Bibel und Mythologie 13
   Historische Erforschung von Vulkanen
   und Erdbeben 14
   Räumliche Verteilung der Vulkan-
   und Erdbebengebiete 15
Ursachen und Arten von außen
einwirkender Kräfte 22

3 Vulkane 25
Katastrophenverlauf bei Vulkanausbrüchen 25
Katastrophenvorsorge 30
Vulkanforschung 33
Fallbeispiele 34
   Mittelmeergebiet: Santorin, Vesuv, Ätna 34
   Island: Lakispalte 44

Hawai: Kilauea 44
Indonesien und Neuseeland 46
Kleine Antillen: Soufrière und Mont Pelée .. 47
USA: Mount St. Helens 47
Alaska und Kamtschatka 52

4 Erdbeben 53
Katastrophenverlauf bei Erdbeben 54
Erdbebenmessung und Schadensausmaß 58
Erdbebenvorhersage 63
Vorsorgemaßnahmen 64
Wiederaufbauhilfe nach Erdbeben 69
   Wiederaufbauprojekte in Guatemala 74
Fallbeispiele 77
   Historische Erdbebenberichte 77
   Erdbeben im Übergangsbereich
   Afrika – Europa 81
   Erdbeben im Osten der Eurasischen Platte ... 94
   Erdbeben und Tsunamis
   im zirkumpazifischen Raum 98
   Intraplattenbeben und Erdbebengefahr
   in Deutschland 121

5 Hangbewegungen 124
Katastrophenverlauf 124
Vorsorge und Vorhersage 127
Fallbeispiele 128
   Alpen 128
   Südamerika 132
   Schweden: Tuve 134
   Kanarische Inseln: La Palma 135

6 Stürme 136
Wirbelstürme und Windstärken 136
Tropische Wirbelstürme 140

Hurrikane in Mittel- und Nordamerika
und der Karibik 145
Zyklone im Golf von Bengalen 148
Willy-Willies in Australien 150
Außertropische Wirbelstürme / Winterstürme 153
Orkane in West- und Mitteleuropa 155
Der Capella-Orkan 159
Winterstürme an der Nordsee 161
Tornados 166
Gewitter-, Hagel- und Schneestürme 168

7 Naturkatastrophen der Hydrosphäre 171
Katastrophenverlauf 172
Überschwemmungskatastrophen im Binnenland 173
Fallbeispiele 177
Hochwasser an Donau, Rhein und Main ... 177
Überschwemmungen in Bangladesch 185
Mississippi-Hochwasser 186
Überschwemmungen in Italien 187

8 Katastrophen als Auswirkungen des Klimas 190
Dürre 190
Sahelzone 193
USA 195
Australien 196
Waldbrände und Buschfeuer 197
Australien 198
USA 202

9 Katastrophen durch extraterrestrische Einwirkungen 204
Meteoritenfragmente 205
Meteoritenkrater 205

10 Katastrophenvorsorge 209
Internationale Dekade für die Vorbeugung
von Naturkatastrophen (IDNDR) 209
Umweltbewußtsein als Vorsorge 211
Versicherung als Vorsorge 212
Katastrophenhilfe für die Dritte Welt 214

11 Medien und Katastrophen 215

Literatur 217

Sachverzeichnis 221

1 Einleitung

Spielt die Natur verrückt?
Eine aktuelle Einführung

»Die Natur spielt wieder verrückt. Nach Feuer und Beben nun Überflutungen und Erdrutsche in Kalifornien«, hieß es nach einer dpa-Meldung vom 9.2.1994 in vielen Berichten über die Erdrutsche und Schlammlawinen von Malibu. Nach Flächenbränden und Erdbeben in den vorangegangenen Monaten sorgte Kalifornien nun erneut für Schlagzeilen.

Der attraktive Küstenort Malibu, nur einen Katzensprung von Los Angeles entfernt, aber frei von dem Smog und der Hektik dieser Millionenstadt, zeigt, wie störanfällig das sonnige Paradies der Reichen in Südkalifornien ist: Zuerst fraß sich ein ausgedehntes Buschfeuer über die steilen, trockenen Hänge der Santa-Monica-Berge hinab bis zur Küstenstraße »Pacific Highway«. Weil die Berghänge wegen der schönen Aussicht über den Pazifik hoch hinauf bis zum schütteren Kiefernwald und den stacheligen Chaparralbüschen mit Villen bebaut wurden, fand das Buschfeuer reiche Nahrung: Hunderte von Häusern verbrannten. Nur verkohlte Gartenbäume, massive Steinmauern, gemauerte Kamine und Schutthaufen blieben zurück (Abb. 1). Einige Wochen später im Dezember 1993 kam der Regen, wie meistens um diese Zeit von

Abb. 1. Durch Buschfeuer zerstörte Häuser in Malibu, einer Villengegend von Los Angeles.

tagelanger Dauer, und durchnäßte den verbrannten nackten Boden, bis er ins Schwimmen kam. Die rutschenden Hänge rissen einige vom Feuer verschonte Villen mit hinab und begruben andere Häuser und die Straße im Tal. Auch das Erdbeben im nahen Los Angeles vom Januar 1994 bekam Malibu zu spüren. So brachen auch hier Häuser zusammen, Versorgungsleitungen für Wasser und Gas barsten, Straßenverbindungen waren unterbrochen. Zu Beginn des Jahres 1995 wurde Kalifornien von außergewöhnlich starken Regenfällen mit nachfolgenden Hochwassern heimgesucht, und Tornados richteten im Central Valley große Zerstörungen an.

Es erscheint außergewöhnlich oder verrückt, daß die Natur in so kurzer Zeit nacheinander mit Feuer, Hangrutschungen, Schlammfluten und Erdbeben zuschlägt. Überhaupt stand Nordamerika in den Katastrophenberichten der letzten Jahre und Monate ganz oben: 1992 wurde Florida vom Hurrikan »Andrew« heimgesucht. Im Sommer 1993 hatten der Mississippi und seine Nebenflüsse nach endlosen Regenfällen durch Überschwemmungen einen neuen riesigen Binnensee geschaffen. Im Herbst darauf fielen weite Flächen Südkaliforniens, von San Diego bis Santa Barbara, verheerenden Buschbränden zum Opfer, darunter auch viele Ferienhäuser und Villen. Im Januar 1994 erschütterte ein Erdbeben das San-Fernando-Tal und den Stadtteil Northridge von Los Angeles. Es zerstörte Häuser, Autobahnbrücken und Gasleitungen und forderte 55 Menschenleben. Nur Tage später starben noch mehr Menschen als bei diesem Erdbeben in Eis und Schnee während eines extremen Kälteeinbruchs im Osten der USA. Im Februar 1994 gab es nach Starkregen Schäden durch Schlammlawinen, und im Oktober 1994 erfaßte ein weiterer starker Hurrikan weite Teile Floridas.

Im statistischen Zusammenhang betrachtet erscheint diese Häufung von Naturkatastrophen nicht außergewöhnlich oder verrückt. Überschwemmungen, ausgedehnte Wald- und Buschbrände, Wirbelstürme, Tornados, extreme Hitze- und Kälteperioden sind in den USA, ebenso wie Erdbeben und Vulkanausbrüche, keine einmaligen Katastrophensituationen, sondern wiederholte oder sogar recht häufige Naturerscheinungen. Zu Naturkatastrophen werden diese extremen Naturvorgänge erst dadurch, daß sie in den sich immer weiter ausdehnenden Lebensraum der Menschen eingreifen und Siedlungen und die Infrastruktur schädigen oder vernichten.

In den Vereinigten Staaten und ganz besonders in Kalifornien, dem Staat mit dem größten Bevölkerungszuwachs, haben die Menschen bei Besiedlung und Nutzung des Landes wenig Rücksicht auf die natürliche Umwelt genommen. Neben monatelangen Trockenzeiten im Sommer und ergiebigen Regen im Winter gab es die Erdbeben in Kalifornien schon lange vor der Errichtung der ersten spanischen Missionsstationen. Solange Kalifornien nur dünn besiedelt war, fielen die häufigen Erdbeben entlang der San-Andreas-Falte und ihre Zerstörungen kaum auf. Erst als nach den Goldsuchern um die Mitte des 19. Jahrhunderts langsam städtische Siedlungen und Verkehrsverbindungen entstanden, wurden die Erdstöße zur großen Gefahr. Wald- und Flächenbrände in den harzhaltigen Nadelwäldern und der sommerdürren Buschvegetation sind schon in den Indianersagen überliefert, und sie wurden erst durch das Hineinwachsen der Siedlungen in die Waldgebiete zur Lebensbedrohung. Die extremen Kälteeinbrüche und Schneestürme sind deshalb möglich, weil es nach Norden kein schützendes Gebirge gibt, um die arktischen Luftmassen abzuhalten. An den von Hurrikanen immer wieder heimgesuchten Küsten im Süden haben sich Massen sonnenhungriger Ruheständler aus dem kühleren Norden niedergelassen, meist in dünnwandigen Fertighäusern oder Wohnwagensiedlungen, die vom Wirbelsturm zerfetzt werden. Touristenzentren und Feriendörfer wurden an unbefestigten Strandwällen und auf Sandablagerungen im direkten Zugriff von Sturmfluten gebaut. Den Bewohnern dieser neuen Anlagen an der Meeresküste fehlt das Bewußtsein für die Gefahr. Tornados, die im Osten der USA sehr häufig vorkommen, werden vor allem in Verdichtungsräumen zur tödlichen Bedrohung. Die Überschwemmungen von Mississippi und Missouri im Sommer 1993 passen – auch wenn sie extrem waren – noch in das Schema der üblichen Hochwasser. Die Siedler an den Ufergebieten fühlten sich sicher – zu sicher hinter ihren Deichen – sie hatten das Gefühl für die Gefahr und den Respekt vor der Gewalt des Wassers verloren.

Naturereignisse – eine thematische Einführung

Ausgangspunkte von Naturkatastrophen sind meist geophysikalische Prozesse mechanischer oder thermodynamischer Art von außerordentlichem Umfang. Hohe Windgeschwindigkeiten entstehen bei Orkanen, Taifunen oder Tornados und extrem hohe Wasserstände bei Hochwasser oder Überflutungen. Letzere werden oft durch hohe Windgeschwindigkeiten (Sturmfluten) oder seismische Bewegungen am Meeresboden (Tsunamis) bedingt. Schnelle Massenbeschleunigungen treten in den Bodenbewegungen bei Erdbeben, Hangrutschungen und Bergstürzen auf.

Der Motor dieser dynamischen Vorgänge ist die unterschiedliche Verteilung der Wärme. Die von der Verschiedenheit der Temperatur hervorgerufenen Ausgleichsprozesse erfolgen in Strömungen und Wellen und spielen sich hauptsächlich in drei Schichten ab: In der Troposphäre, der 10–15 km umfassenden, untersten Schicht der Atmosphäre, in der Hydrosphäre und in der Lithosphäre, den obersten 50–100 km der Geosphäre.

Während Luft- und Wasserhülle durch moderne Entwicklungen und neue Forschungsverfahren »durchsichtig« und berechenbar wurden, ist der Erdkörper selbst sehr viel weniger zugänglich und einsehbar. Die Schadensverursacher sind zumeist horizontale Lasten statischer und dynamischer Art. Sie wirken bei Erdbeben, Hangbewegungen, Sturmfluten und Wirbelstürmen. Im Normalzustand herrschen vertikale Kräfte vor, die aus der Erdbeschleunigung resultieren. Diese sind auch maßgeblich bei der Konstruktion von Gebäuden und Brücken. Bei einer starken horizontalen Belastung kann es zu Zerstörungen kommen.

Extreme Naturereignisse erscheinen als urplötzliche Veränderung, als einmalige, unberechenbare Laune der Natur. Durch Vergleich und Beobachtung erkennt man jedoch, daß über das Einzelereignis hinaus regelhafte Abläufe vorliegen, daß die Naturkatastrophen nur die sichtbaren Höhepunkte fortlaufender Prozesse sind. Der künftige Verlauf dieser Prozesse ist nur in wenigen Fällen exakt voraussehbar. Die meisten geophysikalischen Abläufe sind nicht genügend bekannt, was vor allem für Erdbeben, Vulkanausbrüche, tropische Wirbelstürme und Tornados gilt.

Wenn auch die Einsichten in das Entstehen und Geschehen von Naturereignissen noch unzureichend sind, wurden durch die ständige Beobachtung und naturwissenschaftliche Forschung viele Hintergründe und Ursachen klarer erkennbar.

Bei extremen Naturereignissen, z. B. Vulkanausbrüchen oder Erdbeben in unbesiedelten Gegenden, können zwar die Auswirkungen auf die Umgebung sehr weitreichend sein, doch sind dies noch keine Katastrophen. Zur Katastrophe wird das Naturgeschehen erst, wenn Menschen und ihre Lebensräume direkt davon betroffen sind.

Naturereignisse werden statistisch als Katastrophen berücksichtigt, wenn es über 10 Tote oder 30 Verletzte oder über 3 Millionen US$ Sachschaden gegeben hat. Laut Statistik kommt pro Jahr einer von 100.000 Menschen durch extreme Naturereignisse ums Leben.

Es sollte unterschieden werden zwischen »natürlichen« Katastrophenursachen und solchen, die durch menschliche Aktivitäten und Eingriffe in die Natur verstärkt oder gar ausgelöst werden. Bergwerke, Bergstraßen oder Staudämme, Tunnels oder Flußbegradigungen, sowie die Abholzung oder Übernutzung von Wäldern, können die natürlichen Gefahren vergrößern oder selbst Katastrophen bewirken (engl. »Man-made-hazards«).

Durch die Anwesenheit von Menschen, durch die immer größere Übervölkerung in kritischen Gebieten, wie z. B. Flußtälern und Mündungsbereichen, sowie am Fuß oder Hang steiler Berge, wachsen die Auswirkungen extremer Naturereignisse und werden zu Katastrophen.

Forschungserkenntnisse und die Ergebnisse der Beobachtung tragen dazu bei, gefährliche Naturvorgänge frühzeitig zu erkennen und ihnen zu begegnen. Die Menschheit ist heute den Naturereignissen weniger hilflos ausgesetzt als in früheren Zeiten.

Im Dezember 1989 wurde von der *Generalversammlung der Vereinten Nationen* eine Resolution verabschiedet, die das letzte Jahrzehnt unseres Jahrhunderts zur »Internationalen Dekade für die Vorbeugung von Naturkatastrophen« (International Decade for Natural Disaster Reduction, IDNDR) erklärte. Sie forderte ein Zusammenwirken von Wissenschaft, Forschung, Raumplanung und Entwicklungshilfe. Durch Vergleiche und durch die Breite des verfügbaren Beobachtungsmaterials werden die Aussagemöglichkeiten verbessert, auch für nicht restlos erfaßbare Ursachen und Prozeßabläufe. Die engmaschige Überwachung der geophysikalischen Vorgänge erlaubt bessere Vorhersagen. Vor- und Frühwarnsysteme sind hilfreich, um die betroffene Bevölkerung bei drohender Gefahr rechtzeitig zu evakuieren. Dazu bedarf es nicht nur zuverlässiger Forschungs- und Überwachungseinrichtungen, die ausgesprochenen Warnungen müssen bei den meist armen Bevölkerungsgruppen in dichtbesiedelten Gefährdungsregionen auch ankommen und beherzigt werden. Menschen am Rand der Zivilisation an den Küsten Südostasiens oder in abgelegenen Gebirgstälern haben kein Radio, die Warnungen kommen daher gar nicht oder zu spät an, oder die Gewarnten weigern sich, die Hütte, das Boot, das Stück Land zu verlassen, das ihr ganzer Besitz ist.

Mit dem Wohlstand wachsen die technischen Möglichkeiten, gefährlichen Naturereignissen zu begegnen, so z. B. durch die Entwicklung widerstandsfähiger Materialien und belastbarer Konstruktionsmethoden bei Gebäuden und Brücken. Vorsorgemaßnahmen für den Katastrophenfall, Schutz- und Einsatzpläne helfen bei der Bewältigung des Chaos. Dabei ist in den reichen Ländern statistisch ein Rückgang der Todesopfer zu verzeichnen. Durch die Wertinvestitionen der hochtechnisierten Industriegesellschaft vervielfachen sich hier jedoch die Sachwertverluste.

Naturgewalten lassen sich nicht vergleichen mit Infektionskrankheiten, wie Pest oder Pocken, die man letztlich durch Hygiene und Schutzimpfungen in den Griff bekommen konnte. Zu Katastrophen werdende Naturereignisse zeigen immer wieder deutlich, daß nicht alles auf der Welt technisch machbar und beherrschbar ist, daß dem menschlichen Wissen und Wirken Grenzen gesetzt sind. Aus dieser Erkenntnis sollte sich auch ein Ansatz zu einem verantwortungsbewußten Umgang mit der Natur und der Umwelt ergeben.

Extreme Naturgeschehen mit katastrophalen Folgen erscheinen in den Medien als grandiose Dramen, die man aus sicherer Distanz, in der Geborgenheit der eigenen, scheinbar ungefährdeten Umgebung, mit Schaudern verfolgt und zugleich faszinierend empfindet. Doch auch im sicheren Mitteleuropa gibt es immer wieder Flutkatastrophen und Hochwasser, Winterstürme, gefährliche Hangrutschungen und Erdstöße.

Naturkatastrophen werden als Schicksalsschläge empfunden, als existentielle Bedrohung von Mensch und Lebensraum. Fernsehberichte zeigen nur vordergründige Momentaufnahmen des Schreckens, nie die ganze Tragweite der Verwüstung und des Schocks. Bei den emotional angesprochenen Zuschauern der Katastrophe wird

Hilfsbereitschaft geweckt. So ist man spontan bereit, Geld zu spenden oder vor Ort selbstlos zu helfen. Die Solidarität mit den Opfern ist lobens- und erstrebenswert, ebenso wie die meist kurzfristige Erkenntnis menschlicher Ohnmacht gegenüber den Naturgewalten. Unbeteiligte sind bei der Konfrontation mit Katastrophen froh, daß sie selbst verschont geblieben sind. Das Gefühl davongekommen zu sein führt zu Verbundenheit mit den Betroffenen und zur Bereitschaft zu helfen. Das Interesse für die außerordentlichen Naturvorgänge mit solch katastrophalen Auswirkungen wird geweckt, und man überlegt, wie man selbst in dieser Situation reagieren würde, welche Chancen man hätte.

Doch Katastrophen geraten trotz des tiefen momentanen Eindrucks schnell in Vergessenheit. Die bedrückenden Bilder von Verwüstung und Leid werden in schneller Folge abgelöst von nicht weniger grausamen Schreckenseindrücken des Krieges, von Verbrechen, Flugzeugabstürzen und anderem.

Vitales Interesse hegt die Versicherungswirtschaft am Gefährdungsgrad einzelner Orte oder Regionen nach Intensität, Häufigkeit und Zeitintervallen von extremen Naturereignissen, besonders die Rückversicherer. Es geht um eine systematische und quantitative Einschätzung des Risikos, denn nach der Vorhersage der Schäden richten sich die Versicherungsprämien. Die *Münchener Rückversicherungsgesellschaft* hat im Rahmen ihrer Untersuchungen zu den Risiken 1988 eine »Weltkarte der Naturgefahren« publiziert, die unter Verzicht auf Details die Gefährdungssituation einzelner Regionen der Erde in Intensitätsstufen aufzeigt.

Einerseits durch die explosionsartig gewachsene Weltbevölkerung und ihre Ansiedlung in früher gemiedenen, weil stark gefährdeten Zonen, und andererseits durch die weite Verbreitung hochempfindlicher Technologien und die Konzentrierung großer volkswirtschaftlicher Werte in Verdichtungsräumen ist das Katastrophenpotential stark angestiegen. Planungs- und Entscheidungsträger in Politik und Wirtschaft sind auf Informationen zu Art und Ausmaß der jeweils gegebenen Naturgefahren angewiesen.

Bei der Ermittlung der Gefährdung wird die in der Vergangenheit beobachtete Häufigkeit von Katastrophen durch Extrapolation für die Zukunft berechnet. Dabei sind Berichte über frühere Naturereignisse nur bedingt auf heutige oder zukünftige Verhältnisse übertragbar; auch statistische Fehler sind durch den begrenzten Beobachtungszeitraum nicht auszuschließen.

Beim ersten Blick auf die erwähnte »Weltkarte der Naturgefahren« (Münchener Rückversicherungsgesellschaft 1988) fällt auf, wie intensiv das Gefährdungspotential in bestimmten Teilen der Welt ist, beispielsweise in den Küstenländern des pazifischen Raumes, im Bereich des östlichen Mittelmeeres oder im Vorderen Orient. Besonders reich bedacht mit Naturkatastrophen ist seit Menschengedenken Japan. Dort sind Taifune, Erdbeben, Tsunamis, Vulkanausbrüche, Hangrutschungen, Gewitter-, Hagel- und Schneekatastrophen fast alltäglich. Die hohe Bevölkerungskonzentration und die enormen Infrastrukturinvestitionen bedingen ein extremes Gefährdungspotential.

2 Endo- und exogene Kräfte als Verursacher von Naturkatastrophen

Vulkanausbrüche und Erdbeben werden bewirkt durch Vorgänge im Erdinnern, sogenannte endogene Kräfte, auf die der Mensch keinen Einfluß und in deren Wirken er kaum Einsicht hat. Deshalb sind endogen bedingte Naturgefahren auch so problematisch in ihrer Vorhersehbarkeit. Man weiß zwar, wo das Risiko für solche Naturereignisse besonders hoch ist, doch exakt vorhersagen kann man sie nicht.

Die auf die Erdoberfläche von außen einwirkenden Faktoren, also die exogenen Kräfte, sind sehr viel besser zu verfolgen und bei drohender Gefahr rechtzeitig zu erkennen. Solche exogen bedingten Naturkatastrophen sind Wirbelstürme, Sturmfluten, Überschwemmungen, Dürreperioden und Waldbrände.

Abb. 2. »Das Land ein brenend Pech«: Kupferstich aus der Kupferbibel von Johann Jakob Scheuchzer 1731–1735.

Aus dem Erdinnern bewirkte Katastrophen

Vulkane und Erdbeben in Bibel und Mythologie

Vulkanausbrüche und Erdbeben als todbringende Gefahren haben die Menschen schon immer in Angst und Schrecken versetzt.

Die Bibel berichtet von schrecklichen Erdbeben und von rauchenden und feuerspeienden Bergen (Abb. 2). Ein Beispiel ist der Untergang von Sodom und Gomorrha. Das 2. Buch Mose, *Exodus* 19, 18 beschreibt, wie Gott am Berg Sinai erscheint: »Der ganze Sinai war in Rauch gehüllt, denn der Herr war im Feuer auf ihn herabgestiegen. Der Rauch stieg vom Berg auf wie Rauch aus einem Schmelzofen. Der ganze Berg bebte gewaltig.« Erdbeben galten bis weit in die Neuzeit als Strafgerichte Gottes. So warnt der Prophet die Sünder in *Jesaja* 24, 18-20: »... Die Schleusen hoch droben werden geöffnet, die Fundamente der Erde werden erschüttert. Die Erde birst und zerbirst, die Erde bricht und zerbricht, die Erde wankt und schwankt. Wie ein Betrunkener taumelt die Erde, sie schwankt wie eine wacklige Hütte.«

Das unterirdische Feuer steht im Zentrum der mittelalterlichen Schreckensbilder von Fegefeuer und Hölle. Auch in der Mythologie nimmt es einen wichtigen Platz ein. Bei den Griechen war »Hephaistos«, bei den Römern »Vulkanus« der Gott des Feuers. Im polynesischen Kulturkreis, dem auch die Schöpfungsmythologie der Maori in Neuseeland zuzuordnen ist, werden die Ureltern, nämlich die Erde »Papa« und der Himmel »Rangi«, durch ihren Göttersohn »Tane« mit Gewalt auseinandergerissen, damit endlich das Licht des Tages in die Dunkelheit gelangt. Um die endlose Tränenflut des Himmels zu beenden, in der alles zu versinken droht, wird die Erde »Papa« von ihren Kindern umgedreht, und mit ihr der jüngste Sohn »Ruaumoko«, der noch als Säugling an ihrer Brust liegt. Damit er unter der Erde nicht friert, bekommt er das Feuer und wird zum Gott des unterirdischen Feuers und der Erdbeben, mit denen er die Menschen aufscheuchen kann wie einen Schwarm Fliegen.

Historische Erforschung von Vulkanen und Erdbeben

Die exakte Beschreibung eines historischen Vulkanausbruchs gibt Plinius der Jüngere in zwei Briefen an den Historiker Tacitus. Den Ausbruch des Vesuvs 79 n. Chr. hat er 18jährig bei seinem Onkel Plinius dem Älteren in Misenum miterlebt, ca. 30 km vom damaligen Sommakrater entfernt.

Johann Wolfgang von Goethe schildert in seiner »Italienischen Reise« (1786–1788), wie er wiederholt zum Vesuv aufstieg, die Ausgrabungen von Pompeji und Herkulaneum besuchte und den schneebedeckten Ätna von Monte Rosso aus betrachtete, wo 1669 die Lavamassen ausbrachen, die Catania fast verschütteten. In Messina beschreibt er die Folgen des Erdbebens von 1784.

Im späten 18. Jahrhundert beherrschte der Streit zwischen »Neptunisten« und »Vulkanisten« die junge Erdwissenschaft. Es ging dabei um die Herkunft des Basalts, den die »Neptunisten« auf Ablagerungen des Urmeeres zurückführten, während die »Vulkanisten« darin erstarrte Gesteinsschmelzen aus Vulkanausbrüchen sahen. Die damaligen Erdwissenschaftler hielten brennende Kohlelager für die Ursache der Vulkanglut.

Erst um die Wende zum 19. Jahrhundert setzten sich die Anschauungen der »Plutonisten« durch, die von glühenden Schmelzöfen, von Magmakammern unter der Erdoberfläche, ausgingen. Ihre Vorstellung von endogenen, aus dem Erdinnern wirkenden Kräften bei Erdbeben- und Vulkankatastrophen hat sich tatsächlich bestätigt.

Doch erst in den letzten Jahrzehnten unseres Jahrhunderts, als man das Vulkangeschehen im Zusammenhang mit Wasser (Meer, Grundwasser, Gletscher, Kraterseen) näher erforschen konnte, entdeckte man, wie wichtig sogenannte phreatomagmatische (griech. phréatos = des Brunnens) Explosionen bei Vulkankatastrophen sind. Durch Reaktionen beim Kontakt von Magma und Wasser wird das Magmamaterial in feinste Asche verwandelt und der Vulkanschlot freigesprengt, so daß die Hauptphase des Ausbruchs mit dem Ausstoß größerer Korngrößen folgen kann. Am gefährlichsten sind Suspensionen aus Gas und feinen Festkörpern, denn diese glühendheißen Wolken rasen mit großer Geschwindigkeit die Berghänge hinab.

Räumliche Verteilung der Vulkan- und Erdbebengebiete

Bereits 1823 fiel Alexander von Humboldt die ungleichmäßige Verteilung der Vulkane in Gruppen und Zügen auf, und er erörterte dies in seiner Schrift »Über den Bau und die Wirksamkeit der Vulkane in den verschiedenen Erdstrichen«. Er sah darin den Beweis, daß Vulkane keine oberflächennahen Ursachen haben, sondern tiefgegründete Erscheinungen sind.

Die über 500 derzeit aktiven, an der Erdoberfläche (also subaerisch – im Unterschied zu den submarinen) erkennbaren Vulkane häufen sich in bestimmten Zonen und Inselbögen im Mittelmeerraum und rund um den

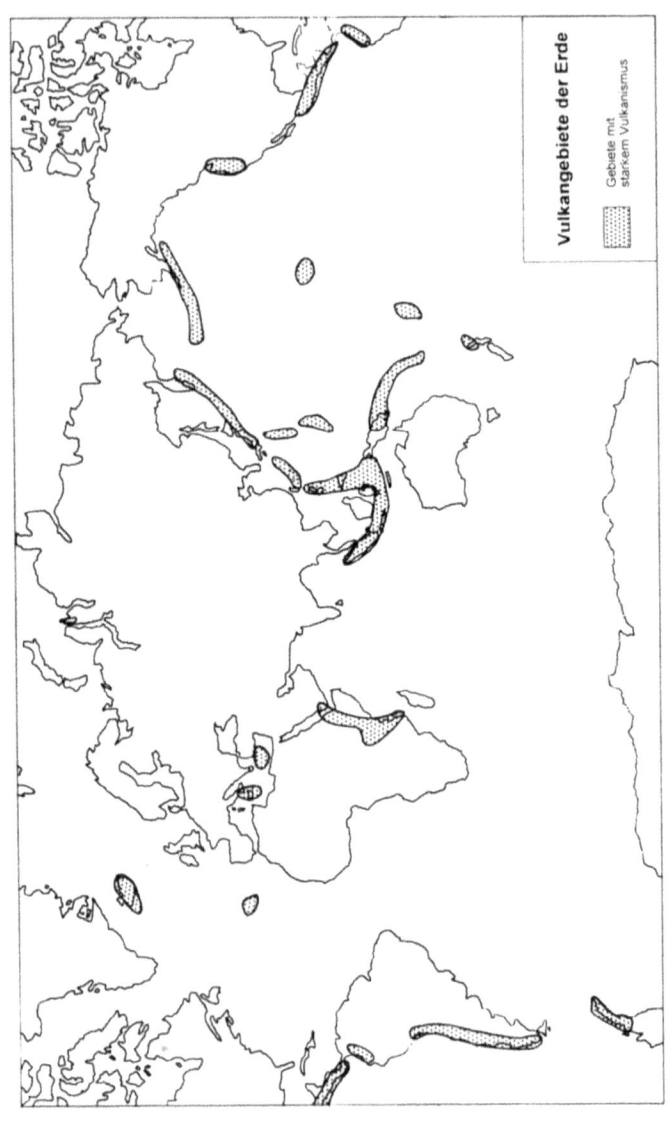

Abb. 3. Gebiete mit starkem Vulkanismus.

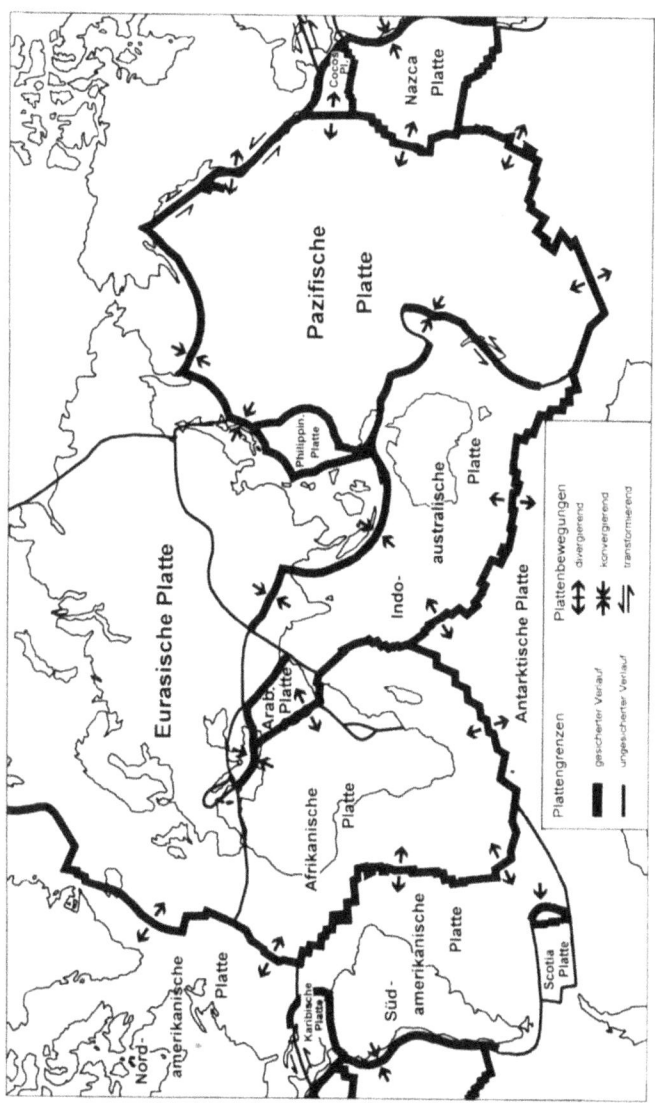

Abb. 4. Plattengrenzen der Erde. Dicke Linien stehen für einen sicheren Grenzverlauf, dünne für einen unsicheren. Die Pfeile geben die Bewegungsrichtung der Platten an.

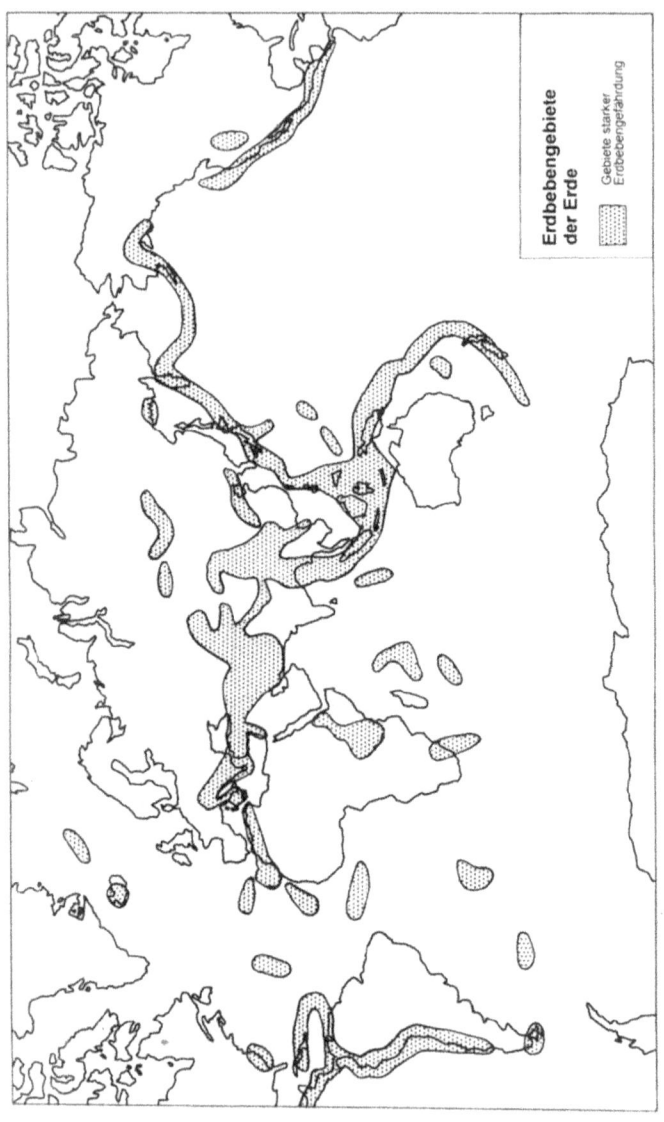

Abb. 5. Die stark erdbebengefährdeten Gebiete der Erde.

Pazifik. Man spricht vom »Feuerring des Pazifik« (Abb. 3).

Die tektonischen Vorgänge an den Plattengrenzen rufen bei Subduktionen neben Vulkanausbrüchen auch Erdbeben hervor (Abb. 4). Erdbeben treten auf, wenn Schollen aneinander vorbeidriften. Das ist z. B. in Kalifornien an der San-Andreas-Verwerfung der Fall, wo die amerikanische und die pazifische Platte aneinander vorbeigleiten. Ein Beispiel für gegeneinander drängende Platten ist die Schwächezone von den Kapverden über Italien, den Balkan, Vorderasien weiter zum Himalaja, an der die afrikanische Platte gegen die eurasische stößt.

Die besonders erdbeben- und vulkangefährdeten Gebiete sind gleichzeitig sehr dicht besiedelte Räume. Es sind dies die Pazifikländer Südamerikas, die Westküste der USA, China, sowie die dichtest bevölkerten Inselketten von Ost- und Südostasien und die Mittelmeerländer (Abb. 5). Die Lavaböden dort sind zumeist besonders gut für den Ackerbau geeignet. Die jungen Faltengebirge sind bevorzugte Wohn- und Feriengebiete. Durch Staudämme, Siedlungen und Straßen an Hängen können die Erdbebenrisiken von seiten des Menschen noch gewaltig gesteigert werden.

Erklärungen zu dieser Vulkan- und Erdbebenhäufung liefern die Theorien der Plattentektonik und der Ausdehnung der Ozeanböden (»Sea Floor Spreading«). Sie bestätigen die lange bekämpfte Vorstellung der »Kontinentalverschiebung« Alfred Wegeners von 1912 als richtig und revolutionierten in den 1960er Jahren das Grundkonzept der Erdwissenschaft. Die überlieferte Theorie von der rein statischen Schalengliederung der Erde war somit überholt, weil sie die dynamischen Vorgänge nicht berücksichtigte.

Wegener, der 1930 auf einer Expedition im grönländischen Inlandeis im Alter von 50 Jahren an einem

Herzanfall starb, hatte 1913 seine Theorie der Kontinentalverschiebung in dem Buch »Die Entstehung der Kontinente und Ozeane« veröffentlicht. Die Hauptpunkte seiner Vorstellungen waren das Schwimmen der nicht fixierten Kontinente, die ursprüngliche Existenz eines einzigen Urkontinents »Pangäa«, der vor Urzeiten zerbrach und auseinandertrieb und dessen Teile zu den heute bekannten Kontinenten wurden. Wegener verneinte räumliche Veränderungen, also eine Zu- oder Abnahme der Erdoberfläche, »weder schrumpfe sie noch dehne sie sich aus«, sondern er führte die Oberflächenveränderungen auf die Kontinentalverschiebung zurück. Bergketten türmten sich nach seiner Vorstellung dort auf, wo Krustenplatten aneinanderstießen. Für Vulkane und die Magmaentstehung hatte Wegener kein besonderes Interesse.

Wegener, der kein Geologe, sondern ein gelernter Meteorologe war, Schwiegersohn des berühmten Meteorologen Köppen und sein Nachfolger als Leiter der Deutschen Seewarte in Hamburg, wurde von den führenden Geologen seiner Zeit nicht ernst genommen, eher verspottet. Es dauerte über 50 Jahre, bis seine Theorien im Kern bestätigt wurden und allgemeine Anerkennung fanden.

Eine Wende brachte die Entdeckung und geologische Erforschung der sich durch die Mitte der Ozeane erstreckenden Schwellen, der sogenannten mittelozeanischen Rücken oder Rifte. Hier steigt temperaturbedingt Materie (Magma) aus dem Erdmantel empor, das durch die Meeresböden in Vulkanen ausgestoßen wird.

Die seit einiger Zeit bekannte, wiederholte Umkehrung des irdischen Magnetfeldes in kürzeren oder längeren Abschnitten im Verlauf der Erdgeschichte läßt sich in den auskristallisierten Mineralien der erstarrten Gesteinsschmelzen auf dem Meeresboden ablesen. Durch diese feststellbare »magnetische Streifenbildung« parallel zu den Ozeanrücken ist bewiesen, daß der Meeresboden nicht einheitlich uralt ist und daß die Kruste nicht am Ort ihres Entstehens fixiert bleibt, sondern vom Scheitel der Vulkanketten aus nach beiden Seiten weiter geschoben oder gezogen wird. Als Ausgleich zur Krustenentstehung auf dem Meeresboden muß auch irgendwo Krustenabbau erfolgen, da die Erdmasse an sich gleich bleibt. Die enormen Tiefseegräben vor den Kontinenten mit ihren tiefen Fortsetzungen in den Oberen Erdmantel (Wadati-Benioff-Zonen) lassen den Ozeanboden wieder in die Tiefe abtauchen. Die lithosphärischen Platten werden in die darunterliegende Asthenosphäre (= 100–200 km tiefliegende Schicht der Geosphäre) und den Oberen Erdmantel hineingeschoben oder durch ihr Eigengewicht hineingezogen. An diesen Subduktionszonen (vgl. Abb. 16), wo die Krustenplatten der Lithosphäre wieder eingeschmolzen werden und Magma aufsteigt, liegen die Feuergürtel und die Zonen der häufigsten Erdbeben. Hier ereignen sich bei weitem die meisten endogen bedingten Naturkatastrophen.

Neben diesen Subduktionszonen gibt es Vulkanketten auf Inselbögen, die nicht auf solchen Plattengrenzen liegen. Musterbeispiele für diese sogenannten »Hot Spots«, wo aus dem Unteren Erdmantel heiße Ströme aufsteigen (diese Ströme heißen »Mantle Plumes«) und Magma entsteht, sind die Inseln von Hawaii. Die ozeanische Lithosphäre wandert hier über einen solchen Hot Spot, dessen Durchmesser mindestens 100 km beträgt. Der Meeresboden wird durchbrochen und hohe unterseeische Vulkane werden aufgebaut, bis sie nach Tausenden von Metern über den Meeresspiegel ragen. Möglicherweise verursachen solche Hot Spots und Mantle Plumes sogar Plattenbrüche oder wirken als zentrale Motoren für Plattenbewegungen. Bei diesen vulkanischen Inselgruppen oder Inselbögen sind »Wanderungsspuren« zu erkennen: Die jüngsten Inseln sind dem Hot Spot am nächsten und deshalb vulkanisch besonders aktiv; bei den ältesten Inseln dagegen ist die Erosion bereits fortgeschritten.

Ursachen und Arten von außen einwirkender Kräfte

Die Sonnenenergie und die von ihr bewirkte unterschiedliche Erwärmung der Erd- und Meeresoberfläche führt in der Atmosphäre, vor allem in ihrer untersten Schicht, der 10–15 km umfassenden Troposphäre, zu umfangreichen und vielgestaltigen Ausgleichsbewegungen.

Zu den Temperaturgegensätzen (polare Gebiete – äquatoriale Gebiete) kommen als wirkende Kräfte hinzu die Schwerkraft (= Gravitation) und die Erdrotation (= Corioliskraft, benannt nach dem französischen Mathematiker). Letztere führt auf der Nordhalbkugel zu einer Rechtsablenkung, auf der Südhalbkugel jedoch zu einer Linksablenkung. In ihrem Zusammenspiel entwickeln diese exogenen Kräfte charakteristische geophysikalische Ausgleichsvorgänge, wie z. B. Wirbel, die zu einer großen Bedrohung werden können.

In der Atmosphäre ist die unterschiedliche Sonneneinstrahlung Ausgangspunkt aller dynamischen Vorgänge. Beeinflußt werden diese dynamischen Prozesse von der Erdrotation und von der unregelmäßigen Verteilung von Festland und Meer.

Die unterste Schicht der Atmosphäre, die Troposphäre, besteht aus Luftmassen, die durch die folgenden meteorologischen Elemente definiert werden: Luftdruck, Lufttemperatur, Luftdichte, Luftfeuchtigkeit und Luftbewegung (Windrichtung und -geschwindigkeit). Die physikalischen Größen (Druck, Temperatur usw.) kennzeichnen die thermo- und hydrodynamischen Vorgänge in der Atmosphäre. Auffallend sind die Gegensätze zwischen den Luftmassen, die sogenannten Fronten, in denen Austauschvorgänge entstehen.

Im Gegensatz zur Erforschung des Erdinnern kann die moderne Meteorologie die Theorien zum Ausgleich von Wärmeenergie und Drehimpuls zwischen Äquator und Polgebiet durch direkte Beobachtungen und Messungen – über Wetterballons, Flugzeuge oder Satelliten – bestätigen oder berichtigen.

Naturerscheinungen im Bereich der Atmosphäre mit katastrophalen Auswirkungen sind Stürme, vor allem Wirbelstürme und Gewitterunwetter, die durch hohe Windgeschwindigkeiten und heftige Niederschläge große Schäden verursachen.

Die Hydrosphäre, also das auf der Erde vorhandene Wasser in Gestalt von Süß- und Meerwasser, ist an den dynamischen Vorgängen in der Lufthülle maßgeblich beteiligt. Durch die atmosphärischen Vorgänge kommt es zum Wasserkreislauf (Verdunstung – Niederschlag – Abfluß – Verdunstung) und zu dynamischen Ausgleichsprozessen wie Meereswellen und -strömungen. Die Schwerkraft, ihre Abwandlung durch die Gezeiten (Anziehungskraft von Mond und Sonne) und die Erdrotation haben großen Einfluß auf die Bewegungen der ozeanischen Wassermassen.

Die Naturkatastrophen der Hydrosphäre erscheinen als extreme Wasserstände, als Hochwasser, die im Küstenbereich mit dynamischen Belastungen durch Wellen verbunden sind.

Die Dürre als Trockenperiode mit sehr geringen Niederschlägen und zugleich großen Verdunstungsraten aufgrund hoher Temperaturen bringt als Naturrisiko katastrophale Folgen für die Bevölkerung, Landwirtschaft und Landschaft. Als unmittelbare »natürliche« Folge werden oft ausgetrocknete Busch- und Waldflächen von vernichtenden Bränden heimgesucht.

Bei den durch exogene Kräfte bedingten Naturgefahren kann der Mensch teilweise recht intensiv auf die Voraussetzungen und den Verlauf der zur Katastrophe werdenden Naturereignisse einwirken. Während bei Vulkanausbrüchen und Erdbeben das Katastrophenrisiko allein durch menschliches Wohnen und Wirtschaften in den bedrohten Gebieten der Erde entsteht, greift der Mensch bei manchen von außen kommenden Naturgefahren aktiv und auslösend ein. So tragen die Abholzung von Wäldern, Übernutzung landwirtschaftlicher Flächen und Flußregulierungen zur Steigerung des Katastrophenrisikos wesentlich bei. Hier wird der Übergang zu den »Man-made-hazards«, den von Menschen verursachten katastrophalen Unfällen, fließend.

Dank der guten Überwachungsmöglichkeit der aus Atmosphäre und Hydrosphäre drohenden Naturereignisse ist es fast immer möglich, den katastrophalen Auswirkungen durch frühzeitige Warnung zu entkommen und zumindest das Leben selbst zu retten. Mit der Ausdehnung der Siedlungen und dem Wachsen der Investitionen werden die materiellen Schäden weiterhin zunehmen, die Menschenverluste aber können durch Vorsorge, Information und Evakuierungsmaßnahmen reduziert werden.

3 Vulkane

Katastrophenverlauf bei Vulkanausbrüchen

Magma im Erdinnern, in einem tiefen Magmaherd oder in einer höher gelegenen Magmakammer, ist eine gasreiche Gesteinsschmelze. Der Magmaaufstieg vom Herd, der 30 km tief im Erdinnern oder noch tiefer liegen kann, erfolgt entlang von Bruchzonen und Spalten in eine oberflächennähere Magmakammer. Aufsteigen kann das Magma durch die enthaltenen gasförmigen Stoffe. Sobald ein Spalt oder ein Schlot zur Erdoberfläche aufgerissen ist, folgt eine Druckentlastung und ein Aufschäumen der rasch zunehmenden Gasblasen. Nach der Entgasung wird das Magma an der Erdoberfläche zu Lava.

Lavaströme erlauben es meist aufgrund ihrer langsamen Fließgeschwindigkeit, daß sich Menschen vor ihnen in Sicherheit bringen können. Sie vernichten jedoch in großem Ausmaß Sachwerte, indem sie Nutzflächen, Verkehrswege und Ortschaften zudecken oder verbrennen.

Die Lava ist nach ihrer Fließfähigkeit, dem Grad der noch verbliebenen Gase, vor allem aber nach ihrer chemischen Zusammensetzung sehr unterschiedlich. Ausschlaggebend ist der Kieselsäuregehalt der Lava, der auch einen Hinweis auf die Tiefe des Magmaherdes gibt.

Basische, kieselsäurearme Lava aus tiefliegenden Magmaherden ist meist dünnflüssig. Saure, kieselsäurereiche Lava ist zähflüssig und oft mit Explosionen verbunden, die viel Lockermaterial auswerfen. Die Vulkane in Subduktionszonen, wie dem »Pazifischen Feuergürtel« zum Beispiel, haben vor allem kieselsäurehaltige Magmen; ihre Ausbrüche sind sehr explosiv und gefährlich.

Die Explosivität einer Eruption wird durch die Wechselwirkungen zwischen Magma und Wasser, meist Meer- oder Grundwasser, enorm gesteigert. Solche phreatomagmatischen Ausbrüche sind oft mit höchst gefährlichen glutheißen Wolken aus Gasen und Feststoffteilen verbunden. Diese Glutlawinen oder pyroklastischen Ströme, eine Mischung aus Gasen und Auswurfpartikeln, rasen mit großer Geschwindigkeit die Vulkanhänge hinab. Durch die Hitze und die enthaltenen giftigen Gase können sie sehr schnell töten und zerstören. Sie sind deshalb so gefährlich, weil durch ihre Geschwindigkeit eine mögliche Vorwarnung verhindert wird. Berüchtigt sind die Glutwolken von 1902 aus dem Soufrièrevulkan auf Guadeloupe, die dem Typ der todbringenden Druckwolken den Namen gaben, und diejenigen des Mont Pelée auf der Antilleninsel Martinique vom gleichen Jahr, die innerhalb weniger Augenblicke den über 20000 Einwohnern von St. Pierre den Tod brachten. Nur ein Sträfling in einem unterirdischen Kerker überlebte.

Tephra (= griech. Asche) wird in Form von Bomben, Lapilli, Bimsstein und Asche ausgestoßen und lagert sich in dicken Schichten auf Ackerflächen, Weiden und Gebäuden ab. Nach der Durchfeuchtung mit Regen erhöht sich das Gewicht der Tephrauflagen sehr stark und kann zum Einsturz von Gebäuden führen. Die Tephrabedeckung der Weiden und Äcker verursachte früher als sekundäre Katastrophe schwere Hungersnöte. Heiße Bomben können Brände großen Ausmaßes verursachen.

Die Ascheteilchen in der Luft sind gefährlich für Flugzeuge, zumal Aschewolken nicht vom Radar erfaßt werden. Automotoren werden ebenfalls durch Asche verstopft, der Verkehr kommt zum Erliegen. Die Aschewolken verdunkeln das Tageslicht. In der Stratosphäre können Ascheteilchen zur Klimaverschlechterung auf der ganzen Erde beitragen, wie z. B. 1816 nach dem schweren Ausbruch des Tamboravulkans in Indonesien, der 80 Kubikkilometer Eruptionsmasse freisetzte, und auf der ganzen Welt zu geringerer Sonneneinstrahlung und niederen Temperaturen führte.

Giftige Gase, die bei Vulkanausbrüchen freiwerden, enthalten Fluor, Schwefel und Kohlenstoff. Sie verursachen schwere Umweltschäden und können in entsprechender Konzentration tödlich sein. Gase können allerdings auch ohne spektakuläre Vulkanausbrüche austreten; ein Beispiel dafür ist die zunächst unerklärliche Katastrophe am Nyos-See in Kamerun 1986, wo plötzlich Kohlendioxid in großen Mengen aus dem Kratersee frei wurde.

Außer Glutwolken und Glutlawinen sind Lahars, vulkanische Schutt- und Schlammströme, eine große Gefahr bei Vulkanausbrüchen, denn sie sind sehr schnell, sehr weitreichend und können immense Zerstörungen anrichten. Lahars können beim Ausbruch primär durch Schmelzen von Gletschern oder Auslaufen von Kraterseen entstehen, wie z. B. zu Weihnachten 1953, als der Kratersee des Mount Ruapehu im Tongariro-Nationalpark in Neuseeland auslief, und die Schlammlawine die Eisenbahnbrücke bei Tangiwai zerstörte, so daß der gerade vorbeikommende Schnellzug Wellington-Auckland in die Tiefe stürzte und 151 Menschen den Tod fanden.

Sekundäre Lahars entstehen, wenn Starkregen die lockeren Aschemassen auf den Vulkanhängen ins Rutschen bringen. Katastrophale Folgen haben Verbindun-

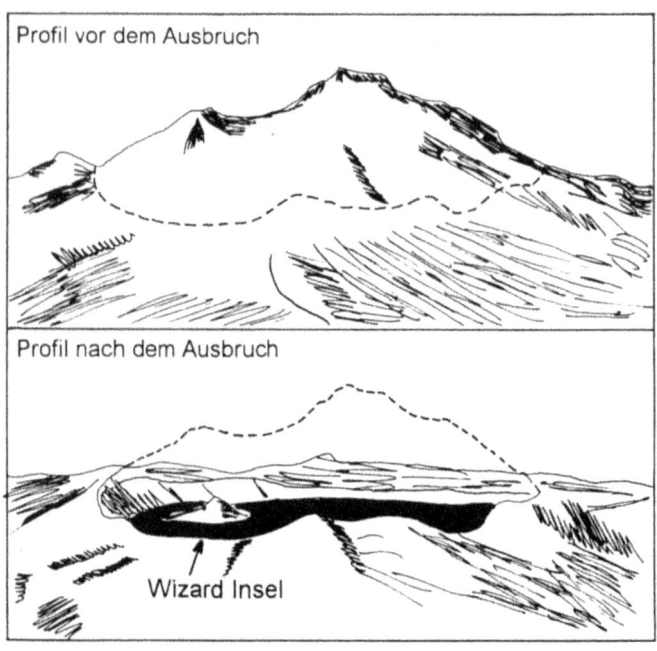

Abb. 6. »Crater Lake« entstand durch einen prähistorischen Calderaeinbruch.

gen von Glutlawinen mit Gletschern und Schneefeldern. Ein schlimmes Beispiel war der Ausbruch des Nevado del Ruiz in Kolumbien 1985, als heiße Glutlawinen das Gipfeleis schmolzen, sich mit einem Fluß zum Schlammstrom vermischten und noch in 40 km Entfernung ca. 25000 Menschen und die Stadt Armero vernichteten. Durch das Zusammentreffen verschiedener Faktoren führen Vulkanausbrüche zu solchen katastrophalen Auswirkungen.

Tsunamis, das sind große Flutwellen, entstehen entweder durch Rutschungen an unterseeischen Vulkanhängen, durch Einstürze entleerter submariner Vulkankegel, durch Explosionen nach dem Kontakt von Meerwasser

Abb. 7. »Wizard Island« in der Mitte des »Crater Lake«.

und Magma oder nach dem Eintauchen großer Glutlawinen ins Meer, oder auch durch eine Kombination von allen diesen Faktoren. So ist wohl die 30 m hohe Flutwelle nach dem Ausbruch des Krakatau 1883, die auf den benachbarten Inseln ca. 36000 Menschen tötete, auf einen Vulkaneinbruch zusammen mit submarinen Explosionen zurückzuführen.

Calderen entstehen durch den Einsturz eines entleerten Vulkans. Die großen runden Kollapskrater von bis zu 30 km Durchmesser und mehr weisen wohl auf eine schnell entleerte große Magmakammer dicht unter der Erdoberfläche hin. Die großen Calderaeinbrüche fanden in prähistorischer Zeit statt, z. B. beim Santorin oder Taupo/Neuseeland.

Manchmal sind diese Calderen mit Wasser gefüllt, aus dem ein später aufgebauter zentraler Kegel herausragt, so beim Crater Lake in Oregon, USA (Abb. 6). Der Crater Lake – heute Mittelpunkt eines Nationalparks – gehört wie der im Mai 1980 erneut ausgebrochene

Mount St. Helens zur vulkanreichen »Cascade Range« im Westen der USA. Der fast kreisförmige See, mit einer Tiefe bis zu 600 m und 10 km Durchmesser, entstand, als ein riesiger vorgeschichtlicher Vulkan, genannt Mount Mazama, nach gewaltigen Explosionen einbrach. Die kleine Insel »Wizard Island« in der Mitte ist durch jüngere vulkanische Tätigkeiten entstanden, und überragt als Schlackenkegel die meist tiefblaue Wasseroberfläche des Kratersees, der von steilen Felswänden eingerahmt wird (Abb. 7). Die Auswirkungen eines solchen Geschehens auf der übervölkerten Erde von heute wären unvorstellbar katastrophal.

Katastrophenvorsorge

Vulkanausbrüche können nicht verhindert werden, aber durch die Untersuchung von Vorgeschichte und Verlauf früherer Ausbrüche, durch ständige Überwachung und vor allem durch rechtzeitige Information der Bevölkerung in gefährdeten Gebieten und ihre frühzeitige Evakuierung können die Risiken dieses Naturgeschehens vermindert werden. Die katastrophale Vernichtung von Sachwerten, Nutzflächen und Siedlungen kann möglicherweise durch das Umlenken von Lavaströmen reduziert werden. Die Zahl der Todesopfer läßt sich mit Sicherheit durch Überwachung, Frühwarnung und Evakuierung niedrig halten. So wurden bei den spektakulären Vulkanausbrüchen des Mount St. Helens 1980 und des Pinatubo 1991 rechtzeitig Vorsorgemaßnahmen getroffen, wodurch zwar nicht die materiellen Schäden, aber die Todesfälle begrenzt werden konnten. Beim ebenso vorhersehbaren Ausbruch des Nevado del Ruiz 1985 unternahmen die Behörden in Kolumbien nichts, um die

Bevölkerung zu warnen oder zu evakuieren, und die Katastrophe kam voll zum Tragen.

Alle Überwachungs- und Frühwarneinrichtungen können nicht darüber hinwegtäuschen, daß es auch immer wieder zum Ausbruch längst erloschen geglaubter Vulkane kommen kann, wie Lavaablagerungen aus grauer Vorzeit beweisen. So wurden z. B. der Mount Lamington, Neuguinea (1951), und der El Chichón, Mexiko (1982), wieder aktiv. Unsere verfügbare, relativ kurze Erfahrung lehrt, daß Eruptionen nach langen Ruhepausen besonders katastrophal in ihren Auswirkungen sind.

Wichtige, allgemein gültige Vorsorgemaßnahmen für den Katastrophenfall werden im Kapitel 4 beschrieben.

Pinatubo und Mayon, Philippinen

Sehr gut organisiert war die Überwachung und Räumung des Pinatubo, der im Juni 1991 nach über 600 Jahren Ruhe wieder ausbrach. 20 km hoch stieg die Aschewolke über dem Krater auf, verdunkelte die Sonne und war noch in der gut 100 km entfernten Hauptstadt Manila zu sehen.

Durch die in die hohen Luftschichten aufsteigende Flugasche des Vulkans erfuhren insgesamt 14 große Verkehrsflugzeuge Störungen an den Triebwerken, die in einem Fall fast zu einer Katastrophe geführt hätten. Schon 1980 beim Ausbruch des Mount St. Helens wurden die Fluggesellschaften gewarnt, und es gab Sicherheitshinweise für Piloten und Wartungstechniker. Beim Ausbruch des indonesischen Galunggung 1982 ereigneten sich zwei schwere Flugzeugzwischenfälle, darüber hinaus eine Beinahekatastrophe in der Aschewolke des Redoubt in Alaska 1989, als ein KLM-Jumbo erst nach einem abenteuerlichen Gleitflug die ausgefallenen Triebwerke wieder anlassen konnte. In den vier Triebwerken lagerten sich über 70 kg Asche ab, das gesamte Äußere des neuen Flugzeuges war wie von einem Sandstrahlgebläse verkratzt.

Die Aschewolken wirken wie normale Wolken und sind auch im Radar nicht auffällig. Als die Ausbrüche des Pinatubo mit Ascheausstößen und tagelangen Eruptionen begannen, wurde die Sicherheitszone um den Berg auf 40 km erweitert. Der Vulkan, der an der Südseite einen gewaltigen Riß zeigte, drohte zu platzen. Hunderttausende waren auf der Flucht. Über 100 Menschen kamen ums Leben, zumeist durch Schlammlawinen, oder sie wurden von Dächern erschlagen, die unter der Aschelast einbrachen.

1993 im Februar brach der Mayon auf den Philippinen aus, gut 300 km südöstlich von Manila. Vorsorglich wurden 63000 Menschen in einer Sperrzone von 6 km um den Vulkan evakuiert, als der Krater nach explosionsartigen Erdstößen plötzlich eine große blumenkohlartige Wolke ausstieß.

Unzen, Japan

Einige Tage vor dem Pinatubo war Ende Mai 1991 auf der japanischen Südinsel Kyushu nahe Nagasaki der Vulkan Unzen nach 199 Jahren wieder aktiv geworden. Eine mögliche Eruption hatte sich schon seit 1984 durch eine Serie von Erdbeben angekündigt. Nach einer Ruhepause begannen 1990 erneut seismische Aktivitäten: Tausende winziger Beben auf der Unzenhalbinsel wurden registriert. Um den Jahreswechsel erfolgten dann die ersten Gas- und Ascheeruptionen, und es bildeten sich drei neue Krater. Ende Mai gab es pyroklastische Lavaströme, die sich zu Lawinen aus glühender Asche und Lava steigerten und mit über 200 km/h talwärts rasten. Unter den von der Glutwolke Überraschten kamen, neben einer Reihe von Journalisten und Bergbauern, auch die französischen Vulkanologen Maurice und Katja Krafft ums Leben.

Die japanischen Behörden evakuierten 7000 Bewohner vom Fuße des Berges. Schon lange vor der Eruption hatten Experten offiziell gewarnt. Beim letzten Ausbruch des Unzen 1792 hatte es noch 15000 Tote gegeben. Die meisten waren Opfer von Tsunamis geworden, die durch ein Seebeben im Gefolge des Vulkanausbruchs ausgelöst wurden.

Nevado del Ruiz, Kolumbien

Wie dringend nötig die Überwachung von Vulkanen und staatliche Maßnahmen zur Information und Evakuierung der Bevölkerung sind, zeigte deutlich die verheerende Katastrophe beim Ausbruch des Nevado del Ruiz in Kolumbien. Heiße Schlammströme (Lahars) aus dem Schnee und Eis des Vulkangipfels, vermischt mit glühenden vulkanischen Fördermassen, forderten über 20000 Menschenleben, weil keine Vorsorgemaßnahmen getroffen wurden. Obwohl der Andenvulkan seit 1595 weitgehend ruhig war, deuteten plötzliche Aktivitäten schon Monate vorher auf einen bevorstehenden Ausbruch hin.

Vulkanforschung

Die Erforschung von Vulkanausbrüchen wird mit den neuesten Hilfsmitteln der Technik weitergeführt. Das zeigen unter anderem die Experimente des Roboters »Dante 2«, die zuerst im Krater von Mount Erebus in der Antarktis und danach im Krater des 1992 ausgebrochenen Mount Spurr, 120 km westlich von Anchorage in Alaska, durchgeführt wurden. Der Roboter »Dante 2«, der wie eine mechanische Riesenspinne aussieht, wurde nach dem italienischen Dichter Dante Alighieri (1265–1321) benannt, der in der »Göttlichen Komödie« den Weg durch Hölle und Fegefeuer in das Paradies schildert.

Die Wissenschaft holt sich auch Vulkane ins Labor: Würzburger Wissenschaftler demonstrierten im Laborversuch die explosiven Dampfausbrüche, die beim Kontakt von Magma mit Wasser entstehen und dabei ungeheure Energie freisetzen (Forschungsprojekt »Spätquartäre Maarvulkane« der *Deutschen Forschungsgemeinschaft*). Durch solche Dampfexplosionen, die aufgrund des Kontakts von glutflüssigem Magma mit Grundwasser in bis zu 3000 m Tiefe entstanden sein könnten, sollen sich einst die Eifelmaare gebildet haben.

Fallbeispiele

Mittelmeergebiet

Santorin, Griechenland

Die Inseln der Kykladen in der südlichen Ägäis sind Reste einer ehemaligen Landbrücke zwischen dem Balkan und Anatolien. Um 1500 v. Chr. brach der wohl 1600 m hohe Santorinkegel mit einer gewaltigen Explosion aus. Anschließend folgte der Einbruch der über 80 km^2 großen Caldera, so daß nur die Hauptinsel Thera und einige kleinere Inseln als Teilstücke des Calderarandes übrigblieben (Abb. 8).

Der Ausbruch hinterließ eine bis zu 20 m dicke Lage aus Bimsstein und Asche. Über ein Gebiet von 200000 km^2 gingen Ascheregen nieder. Das Volumen der Eruptionsmassen wird auf über 70 Kubikkilometer geschätzt, was annähernd dem verheerenden Ausbruch des Tambora in Indonesien von 1815 entspricht. Der Calderaeinbruch war sicher auch mit extrem hohen Flutwellen

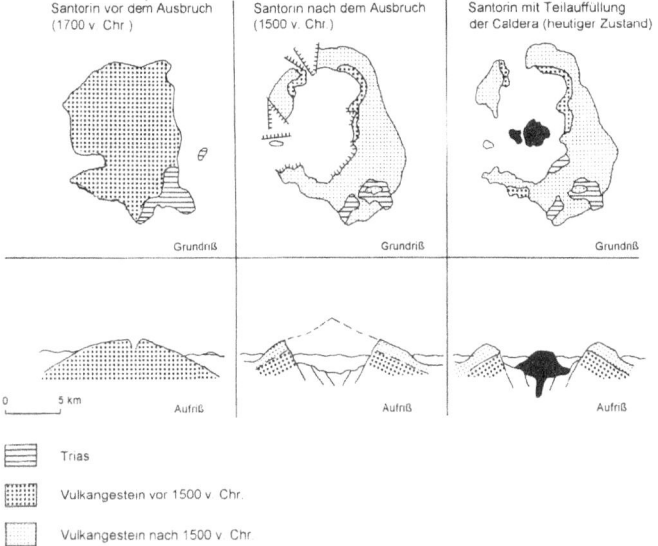

Abb. 8. Die Entwicklungsphasen des Santorinvulkans in Griechenland.

verbunden. Die riesige Tephramenge verursachte aufgrund der Verringerung der Sonneneinstrahlung eine Klimaverschlechterung.

Der Vulkankomplex des Santorin war nach dieser großen Explosion bis ins 2. Jahrhundert v. Chr. zunächst ruhig. Danach kam es immer wieder zu aktiven vulkanischen Perioden.

Auf der verbliebenen Insel Thera fand man unter den dicken vulkanischen Lockermassen die Reste einer minoischen Stadt. So hielt man den Santorinausbruch um 1500 v. Chr. rückschließend für die Katastrophe, der auch die minoische Kultur auf Kreta, als Folge der Flutwelle und des Ascheregens, zum Opfer gefallen sollte. Doch diese Theorie ist nicht haltbar, denn auf dem südlich von Thera gelegenen Kreta fehlen entsprechende

Ascheablagerungen. Archäologische Untersuchungen der auf Kreta gefundenen Töpferwaren machen es wahrscheinlich, daß die minoische Kultur der Insel erst 50 Jahre nach dem Santorinausbruch entweder durch eine Erdbebenkatastrophe unterging oder durch einen Krieg zerstört wurde.

Neuere Bodenuntersuchungen und Altersbestimmungen nach der Radiokarbonmethode der unter der Auswurfschicht liegenden Bodenhorizonte weisen darauf hin, daß es ca. 15000 Jahre vor dem letzten Santorinausbruch eine frühere Eruption gegeben haben muß, die eine 12 m dicke Schicht ablagerte. Aber für die Zwischenzeit dieser 15000 Jahre lassen sich im Boden keine Spuren vulkanischer Aktivität nachweisen. Der Santorin konnte also als erloschener Vulkan gelten, ehe sein katastrophaler Ausbruch vor ca. 3500 Jahren erfolgte.

Vesuv, Italien

Der Vulkan besteht heute aus zwei verschiedenen Komplexen: Somma und Vesuv. Der alte Sommavulkan, der wohl vor 10000 Jahren an einer Bruchstörung aufgebaut wurde, soll vor der Katastrophe von 79 n. Chr. schon um 1200 v. Chr. ausgebrochen sein. Strabon, der griechische Geograph und Historiker, erkannte bereits um die Zeitenwende den vulkanischen Ursprung des steilen Kegels.

Der gewaltige Ausbruch im Jahr 79 n. Chr. ist durch Augenzeugenbeschreibung und neuzeitliche Ausgrabungen sehr umfassend dokumentiert. Die weite Bucht von Neapel mit ihrer damals wie heute bezaubernden Landschaft, mit herrlichem Klima und fruchtbaren Böden, war dicht besiedelt. Die Oberschicht Roms hatte hier ihre Sommerresidenzen. Villenanlagen, Obst- und Weingärten zogen sich am Hang des Berges empor, dem niemand die drohende Gefahr ansah. Vorboten des Vulkanausbruchs waren schwere Erdstöße im Jahr 63 n. Chr., die in Pompeji und Neapel große Schäden verursachten. Aber Erdstöße waren in Kampanien nicht außergewöhnlich.

Die Briefe Plinius des Jüngeren an Tacitus überliefern das dramatische Geschehen vom 24. August 79 recht eindrucksvoll. Er beschreibt die wie eine Pinie gestaltete große, weiße und graue Wolke, die sie von Misenum aus im Norden der Bucht sahen, und die sein Onkel Plinius der Ältere aus der Nähe untersuchen wollte. Die Reise des Plinius wurde durch herabfallende Asche, Bimssteine und schwarze, vom Feuer zerbrochene Brocken vereitelt, so daß er in Stabiae blieb, ohne den Ernst der Lage zu erkennen. Während viele flohen, kam Plinius der Ältere in Stabiae am Strand ums Leben.

Sein Neffe Plinius war in Misenum geblieben, bis schwerere Erdbeben, als man sie bislang gewohnt war, die Flucht aus der Stadt nahelegten. Das Meer war in Aufruhr, eine dunkle Wolke machte den Tag zur Nacht, bis der Ascheregen endlich von einer bleichen Sonne durchdrungen wurde. Danach war alles stark verändert und dick mit Asche bedeckt.

Beim Ausbruch des Vesuvs, der mit dem Heraussprengen eines Schlotpfropfens begann, versank Pompeji in einem Regen von Asche und Bimsstein. Herkulaneum verschwand unter Schlammströmen, und auch Stabiae ging unter. Die verschütteten Städte gerieten für 1500 Jahre in Vergessenheit, ehe sie beim Bau einer Wasserleitung angeschnitten und teilweise ausgegraben wurden.

Der Ausbruch von 79 war eine große Katastrophe für den dichtbevölkerten Golf von Neapel. Die Menschen verließen in Panik fluchtartig ihre Häuser und Städte. Man vermutet, daß es ungefähr 2000 Todesopfer gab.

Als die Eruption vorüber war, brach der Krater ein. Es bildete sich eine Caldera mit einem Durchmesser von

6 km und dem Rest des alten Sommavulkans als deutlichem Rand im Nordosten. Nach einer Ruhepause von gut 200 Jahren begann der Aufbau des neuen Vesuvkraters in der Mitte der Sommacaldera bis etwa um 1500.

Im Dezember 1631 kam es erneut zu einem katastrophalen Ausbruch aus dem neuen Vesuvkrater. 4000 Menschen kamen am Berg um, 40000 konnten nach Neapel fliehen. Neun Orte am Vesuv wurden durch Schlammlawinen zerstört, weitere sechs durch die Lava.

Danach folgten Perioden mit geringer Aktivität. Seit dem letzten Ausbruch von 1944, mit Lavaströmen in westliche Richtung nach San Sebastiano, verhält sich der Vesuv ruhig. Nur Fumarolen (heiße Gaswolken) steigen auf, und manchmal sind seismische Bodenbewegungen nachzuweisen.

Das Magma des Vesuvs ist kieselsäurereich und sehr gashaltig, was durch die Gesteinsaufschmelzung bedingt ist. Die Ausbrüche werden dadurch sehr explosiv und gefährlich.

Goethe schildert in der »Italienischen Reise« am 6. März 1787 seinen Aufstieg zum Vesuv, bei dem ihn der Maler Tischbein begleitet:

> Am Fuße des steilen Hanges empfingen uns zwei Führer, ein älterer und ein jüngerer, beides tüchtige Leute. Der erste schleppte mich, der zweite Tischbein den Berg hinauf. Sie schleppten, sage ich: Denn ein solcher Führer umgürtet sich mit einem ledernen Riemen, in welchen der Reisende greift und, hinaufwärts gezogen, sich an einem Stabe, auf seinen eigenen Füßen, desto leichter emporhilft. So erlangten wir die Fläche, über welcher sich der Kegelberg erhebt, gegen Norden die Trümmer der Somma.
> Ein Blick westwärts über die Gegend nahm, wie ein heilsames Bad, alle Schmerzen der Anstrengung und alle Müdigkeit hinweg, und wir umkreisten nunmehr den immer qualmenden, Stein und Asche auswerfenden Kegelberg. Solange der Raum gestattete, in gehöriger Entfernung zu bleiben,

war es ein großes, geisterhebendes Schauspiel. Erst ein gewaltsamer Donner, der aus dem tiefsten Schlunde hervortönte, sodann Steine, größere und kleinere, zu Tausenden in die Luft geschleudert, von Aschewolken eingehüllt. Der größte Teil fiel in den Schlund zurück. Die andern nach der Seite zu getriebenen Brocken, auf die Außenseite des Kegels niederfallend, machten ein wunderbares Geräusch: Erst plumpsten die schwereren und hupften mit dumpfem Getön an die Kegelseite hinab, die geringeren klapperten hinterdrein, und zuletzt rieselte die Asche nieder. Dieses alles geschah in regelmäßigen Pausen, die wir durch ein ruhiges Zählen sehr wohl abmessen konnten.
Zwischen der Somma und dem Kegelberge ward aber der Raum enge genug; schon fielen mehrere Steine um uns her und machten den Umgang unerfreulich. Tischbein fühlte sich nunmehr auf dem Berge noch verdrießlicher, da dieses Ungetüm, nicht zufrieden, häßlich zu sein, auch noch gefährlich werden wollte.
Wie aber durchaus eine gegenwärtige Gefahr etwas Reizendes hat und den Widerspruchsgeist im Menschen auffordert, ihr zu trotzen, so bedachte ich, daß es möglich sein müsse, in der Zwischenzeit von zwei Eruptionen, den Kegelberg hinauf, an den Schlund zu gelangen und auch in diesem Zeitraum den Rückweg zu gewinnen. Ich ratschlagte hierüber mit den Führern, unter einem überhängenden Felsen der Somma, wo wir, in Sicherheit gelagert, uns an den mitgebrachten Vorräten erquickten. Der jüngere getraute sich, das Wagestück mit mir zu bestehen: Unsere Hutköpfe fütterten wir mit leinenen und seidenen Tüchern, wir stellten uns bereit, die Stäbe in der Hand, ich seinen Gürtel fassend.
Noch klapperten die kleinen Steine um uns herum, noch rieselte die Asche, als der rüstige Jüngling mich schon über das glühende Gerölle hinaufriß. Hier standen wir an dem ungeheuren Rachen, dessen Rauch eine leise Luft von uns ablenkte, aber zugleich das Innere des Schlundes verhüllte, der ringsum aus tausend Ritzen dampfte. Durch einen Zwischenraum des Qualmes erblickte man hier und da geborstene Felsenwände. Der Anblick war weder unterrichtend noch erfreulich; aber ebendeswegen, weil man nichts sah, verweilte man, um etwas herauszusehen. Das ruhige Zäh-

> len war versäumt, wir standen auf einem scharfen Rande vor dem ungeheuren Abgrund. Auf einmal erscholl der Donner, die furchtbare Ladung flog an uns vorbei: Wir duckten uns unwillkürlich, als wenn uns das vor den niederstürzenden Massen gerettet hätte; die kleineren Steine klapperten schon, und wir, ohne zu bedenken, daß wir abermals eine Pause vor uns hatten, froh, die Gefahr überstanden zu haben, kamen mit der noch rieselnden Asche am Fuße des Kegels an, Hüte und Schultern genugsam eingeäschert.

Am 20. März zieht ihn die Kunde von der soeben in Richtung Ottajano nach Nordosten ausgebrochenen Lava ein drittes Mal auf die Hänge des Vesuvs, dieses »mitten im Paradies aufgetürmten Höllengipfels«, wo er den Glutstrom der Lava sah, der »ruhig fortfließt wie ein Mühlbach«.

Am 1. Juni, nach der Rückkehr aus Sizilien, als die Abreise nach Rom schon festgelegt ist, erfährt er, »daß eine starke Lava, aus dem Vesuv hervorgebrochen, ihren Weg nach dem Meer zu nehme; an den steileren Abhängen des Berges sei sie beinahe schon herab und könne wohl in einigen Tagen das Ufer erreichen«.

Eindrucksvoll erlebt er den Abend seines letzten Tages in Neapel:

> ... und ich erblickte, was man in seinem Leben nur einmal sieht ... Wir standen an einem Fenster des oberen Geschosses, der Vesuv gerade vor uns; die herabfließende Lava, deren Flamme bei längst niedergegangener Sonne schon deutlich glühte und ihren begleitenden Rauch schon zu vergolden anfing; der Berg gewaltsam tobend, über ihm eine ungeheure feststehende Dampfwolke, ihre verschiedenen Massen bei jedem Auswurf blitzartig gesondert und körperhaft erleuchtet. Von da herab bis gegen das Meer ein Streif von Gluten und glühenden Dünsten; übrigens Meer und Erde, Fels und Wachstum deutlich in der Abenddämmerung, klar friedlich, in einer zauberhaften Ruhe. Dies alles mit einem Blick zu übersehen und den hinter dem Berg-

rücken hervortretenden Vollmond als die Erfüllung des wunderbarsten Bildes zu schauen, mußte wohl Erstaunen erregen.

Ätna, Sizilien

Der Ätna ist der größte Vulkan Europas. Je nach Ausformung des Kraters erreicht er eine Höhe von 3300 m. Der Ätna, seit Jahrhunderten ohne Unterbrechung aktiv, liegt an der Kreuzung von zwei tektonischen Bruchsystemen, nämlich an der Plattengrenze zwischen Afrika und Europa und der Cómiso-Messina-Störung mit teilweise horizontalen Verschiebungen. Der Vulkan sitzt auf einem nichtvulkanischen Sockel aus Sedimentgestein.

Der Ätna fördert basische Magmen. Die tektonischen Störungen des Untergrundes zeigen sich in den mannigfachen Förderschloten (genannt Bocchen) an den Flanken des Vulkans, die unabhängig vom Hauptkrater sind. Im statistischen Durchschnitt gibt es pro Jahrhundert 15 bis 18 Ausbrüche, die von Ruhepausen und Dauertätigkeit eingerahmt werden. Verglichen mit anderen explosiven Vulkanen erscheint er relativ ungefährlich, weil seine ständig offenen Schlote das aufsteigende Magma entgasen können, und es so keine gewaltsamen Aufsprengungen von Schlot oder Vulkanmantel gibt.

Die Gipfelregion des Ätna besteht derzeit aus drei Kratern, dem Nordost- und Zentralkrater, sowie seit 1979 dem Südostkrater. 1984 wurden alle drei Gipfelkrater außergewöhnlich aktiv: Bomben schleuderten heraus.

Gipfelausbrüche, sogenannte Terminaleruptionen, des Ätna sind oft mit Lavafontänen und hochreichenden Ascheausstößen verbunden. Flankenausbrüche (= Lateraleruptionen) enstehen recht häufig durch das Aufreißen von radialen Spalten, die mit dem Hauptschlot in Verbindung stehen. Aus der sich ausdehnenden Ausbruchspalte tritt unter lokalen Erdbewegungen dünnflüssige Lava

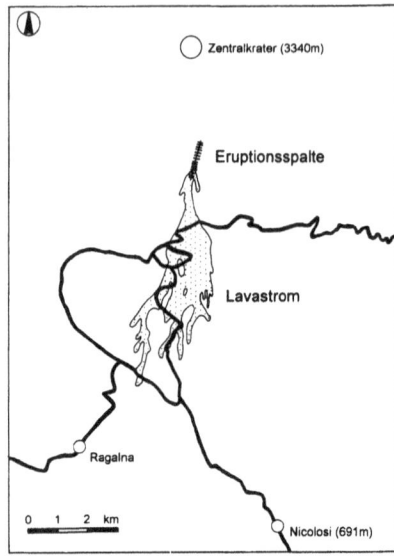

Abb. 9. Der Lavastrom des Ätna beim Flankenausbruch von 1983.

aus. Die Lavaströme können 2–15 km lang werden. Der Flankenausbruch von 1983 schuf eine Eruptionsspalte von 750 m Länge in ca. 2200–2400 m Höhe an der Südseite des Vulkans (Abb. 9). Lavaströme zerstörten in kurzer Zeit die Bergstraße, die alte vulkanologische Station Cantoniera und Teile der Seilbahn. Sie bildeten ein 1,5 km breites und bis 40 m mächtiges Lavafeld, das bis zu 7 km lang war (Abb. 10). Schlagzeilen machten die mißglückten Versuche von Sprengungen, um den Verlauf des Lavastromes zu ändern. Erfolgreicher war das Aufbaggern von Erdwällen, die den Lavastrom ablenken und Gebäude retten konnten.

Bei exzentrischen Eruptionen des Vulkans besteht keine Verbindung der separaten Magmakanäle zum Hauptschlot. Zu diesem Typ gehörte der Ausbruch von März bis Juli 1669 mit seinen katastrophalen Folgen: Hunderte von Menschen kamen um, Teile Catanias wurden von Lava überflutet, nachdem die Stadtmauer zwei

Abb. 10. Das Lavafeld des Ätna nach dem Flankenausbruch von 1983.

Wochen lang dem Lavstrom standgehalten hatte. Im Westen der Altstadt kann man noch immer Relikte dieses Lavaeinbruchs sehen.

Goethe kam Anfang Mai 1787 nach Catania und wollte natürlich den Ätna besteigen. Man riet ihm ab, denn:

> ... für jetzt erstreckt sich der Schnee noch allzu weit herunter und breitet unüberwindliche Hindernisse entgegen. Wenn Sie meinem Rat folgen mögen, so reiten Sie morgen bei guter Zeit bis an den Fuß des Monte Rosso. Besteigen Sie diese Höhe! Sie werden von da des herrlichsten Anblicks genießen und zugleich die alte Lava bemerken, welche, dort 1669 entsprungen, unglücklicherweise sich nach der Stadt hereinwälzte. ... Folgsam dem guten Rate, machten wir uns zeitig auf den Weg und erreichten, auf unsern Maultieren immer rückwärts schauend, die Region der durch die Zeit noch ungebändigten Laven. Zackige Klumpen und Tafeln starrten uns entgegen, durch welche nur ein zufälliger Pfad von den Tieren gefunden wurde. Auf der er-

sten bedeutenden Höhe hielten wir still. Kniep zeichnete mit großer Präzision, was hinaufwärts vor uns lag: die Lavamassen im Vorgrunde, den Doppelgipfel des Monte Rosso links, gerade über uns die Wälder von Nicolosi, aus denen der beschneite, wenig rauchende Gipfel hervorstieg. Wir rückten dem roten Berge näher, ich stieg hinauf; er ist ganz aus rotem vulkanischem Grus, Asche und Steinen zusammengehäuft. Um die Mündung hätte sich bequem herumgehen lassen, hätte nicht ein gewaltsam stürmender Morgenwind jeden Schritt unsicher gemacht ...

Island: Lakispalte

Das 25 km lange Rißsystem im Süden Islands in einer vegetationslosen Vulkanlandschaft produzierte 1783 nach einem eine Woche andauernden Erdbeben einen gewaltigen Vulkanausbruch. Eine Serie von Explosionen warf riesige Mengen Asche aus, die sich als dunkle Wolken sehr weit ausbreiteten. Der Lavastrom bedeckte über 500 km^2. Schlimm waren die Folgen des Ausbruchs: Die aufgestauten Flüsse verursachten Überflutungen; Aschefall, Lava und Wasser zerstörten die Weiden; Hungersnot und Krankheiten folgten. Der Tierbestand und die Bevölkerungszahl der Insel gingen rapide zurück.

Hawaii: Kilauea

Big Island, die Hauptinsel von Hawaii, ist das südliche und jüngste Ende einer Kette von Vulkaninseln. Nur auf Big Island gibt es noch drei aktive Vulkane: Mauna Loa, der größte Vulkan der Erde, Mauna Kea und Kilauea. Als Erklärung für die aus Vulkanen aufgebauten Inseln in der Mitte der Kontinentalplatte nimmt man einen besonders aktiven Magmaherd im Erdmantel an, einen sogenannten »Hot Spot«. Der Magmaaufstieg erfolgt in den Bereich der Erdkruste, der über dem Hot Spot liegt. Die Kontinentalplatte wandert über diesen Hot Spot hinweg. Durch die fortdauernde Plattenwanderung unterliegen die älteren Inseln von Hawaii nicht mehr dem vulkanischen Aufbau, sondern bereits dem Materialabbau durch Erosion.

Bei einem sehr heftigen Explosionsausbruch 1790 breitete sich eine mächtige heiße Dampfwolke, die durch die Wechselwirkung von Wasser und Magma (phreatomagmatische Eruption) entstanden war, rasend schnell über dem Boden aus und erstickte 160 Soldaten des damaligen hawaiischen Königs.

Die Vulkane auf Hawaii sind Schildvulkane. Sie lassen fast regelmäßig aus den zahlreichen Spalten unterhalb der Gipfel Lavaströme frei werden. Bevor es zu Lavaausbrüchen kommt, kündigen Aufwölbungen und Mikrobeben die Ausbrüche an. Die Lavafontänen aus den Lavaseen der Calderen fließen über die Hänge zum Meer, wo sie unter heftiger Dampfentwicklung die Insel vergrößern. Menschen werden bei den eher »sanften« Eruptionen selten getötet, doch die Sachwertverluste durch Verschüttung von Straßen, Nutzflächen und Siedlungen können beträchtlich sein. Die Hauptstadt von Big Island, Hilo, liegt auf alten Lavaströmen des Mauna Loa. Immer wieder gelangen neue Lavaströme vom 40 km entfernten Hauptkrater des Mauna Loa bis an die Ränder der Stadt. Im Südosten können für Hilo die Lavaströme des Kilauea gefährlich werden. Hier hat man schon vor Jahrzehnten Lavaströme bombardiert, um ihre Richtung zu ändern.

Indonesien und Neuseeland

Tambora, Indonesien

1815/16 ereignete sich auf dieser kleinen Sundainsel der mächtigste historisch faßbare Vulkanausbruch. Er dauerte von April 1815 bis Juli 1816. Schätzungsweise 80 Kubikkilometer Auswurfmasse sollen dabei bewegt worden sein. Es entstand eine Caldera von 6 km im Durchmesser und bis zu 600 m tief. Die Explosionen erfolgten in Verbindung mit heftigen Erdbeben, Flutwellen und Orkanen. Der ganze indonesische Archipel wurde erschüttert, und noch über 100 km entfernt brachen Dächer unter der Aschelast zusammen. Die Angaben über Todesopfer schwanken zwischen 66000 und über 90000. Es gab nur sehr wenige Überlebende. Die Aschepartikel in hohen Luftschichten wirkten sich auf das Klima der gesamten Erde aus. 1816 wurde »das Jahr ohne Sommer« genannt.

Krakatau, Indonesien

Die unbewohnte Vulkaninsel in der Sundastraße wurde in einem unvorstellbar heftigen Explosionsausbruch 1883 zerstört, wobei sich eine große Caldera bildete. 18 Kubikkilometer Lockermaterial wurden ausgestoßen, und auf über 800000 km^2 fiel Asche. Durch riesige Flutwellen waren an den benachbarten Küsten 36000 Todesopfer zu beklagen. Der in hohe Luftschichten aufgestiegene Aschestaub umkreiste die Erde und reduzierte die Sonneneinstrahlung.

Tarawera, Neuseeland

1886 brach der Nordgipfel des Mount Tarawera im Vulkangebiet von Rotorua ohne Vorwarnung auseinander, obwohl er längst als erloschen galt. Eine Serie von Eruptionen gipfelte in der Explosion des Lake Rotomahana. Die weltberühmten »Rosa und Weißen Sinterterrassen« wurden verschüttet und ebenso eine Reihe von Maorisiedlungen. Auf über 16000 km² Land gingen Ascheregen nieder und mindestens 153 Menschen starben.

Kleine Antillen: Soufrière und Mont Pelée

Am 7. und 8. Mai 1902 ereigneten sich zwei katastrophale Vulkanausbrüche. Der heftige Glutwolkenausstoß des Soufrière auf Guadeloupe forderte 1600 Tote. Mont Pelée auf Martinique brach einen Tag später aus. Seine Glutwolke führte zur schwersten Vulkankatastrophe des 20. Jahrhunderts, denn die ganze Stadt St. Pierre wurde vernichtet. Keiner der 26000 Menschen außer einem Sträfling in einem unterirdischen Kerker überlebte.

Nach diesem verlustreichen Ausbruch erfolgten immer häufiger Evakuierungen der betroffenen Bevölkerung vor vermuteten Vulkanausbrüchen, so daß die Opfer, sogar bei schweren Ausbrüchen, relativ gering blieben; so beim Ausbruch des Hibok-Hibok (Philippinen 1951) und des Taal (Philippinen 1956 und 1966).

USA: Mount St. Helens

1980 kündigte sich nach 123 Jahren Ruhe am Mount St. Helens im Staat Washington durch neue Aktivitäten, wie Beben, kleineren Explosionen und Oberflächenaufwölbungen, ein neuer Ausbruch an.

Der Ausbruch des aktivsten Vulkans auf nordamerikanischem Gebiet – von der Hawaii-Insel Big Island abgesehen – kam nicht besonders überraschend. Der Mount St. Helens gehört zu den großen Vulkanen der Kaskadenkette, die sich als Teil des »Pazifischen Feuer-

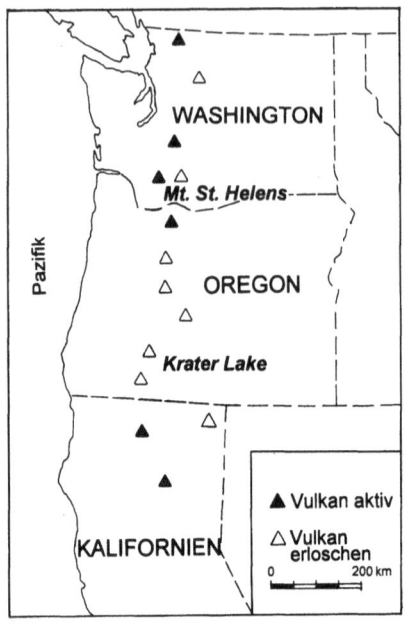

Abb. 11. Vulkane im Westen der USA.

gürtels« entlang der nordkalifornischen Subduktionszone erstrecken, vom Lassen Peak (schwacher Ausbruch 1914–1917) bis zum Mount Garibaldi in British Columbia, Kanada (Abb. 11).

Der unerwartet heftige, explosive Ausbruch am 18. Mai 1980 wurde exakt beobachtet und dokumentiert. Der Gipfel des Berges wurde teilweise weggerissen und ein 750 m tiefer Krater geschaffen, der nach Nordosten wie ein 2 km breites Amphitheater geöffnet ist (Abb. 12). Die Höhe des Berges reduzierte sich von 2950 auf ca. 2500 m. 2,7 Kubikkilometer vulkanisches Material wurde ausgestoßen, über 500 km^2 Land wurden total verwüstet (Abb. 13). Der Explosionswolke in Pilzform folgten gewaltige Aschewolken mit langen Lichtblitzen. Durch den gewaltigen Erdrutsch kamen Trümmergestein, Schnee und Eis in den Lake Spirit und den Toutle River. Der freigewor-

Abb. 12. Der Krater des Mount St. Helens.

Abb. 13. Zerstörungen nach dem Ausbruch des Mount St. Helens 1980.

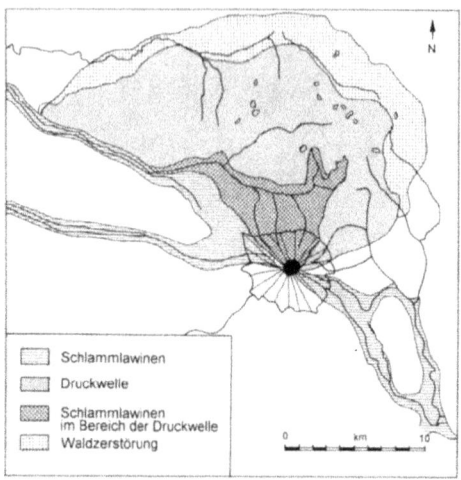

Abb. 14. Die Zerstörungszonen am Mount St. Helens nach dem Ausbruch 1980.

dene Wasserdampf verflüssigte die Schuttlawine, die sich in die Täler wälzte. Der Dampf und Druck des explodierenden Magmas, vermischt mit dem Staub und Sand aus dem gigantischen Erdrutsch, fegte wie ein Orkan abwärts und verwüstete einen großen Bereich im Nordosten, Norden und Nordwesten. Durch die Druckwelle wurden dikke Bäume entwurzelt und mitgerissen, sogar noch in mehr als 10 km Entfernung vom Krater (Abb. 14). Asche und Gesteinstrümmer überzogen den Boden mit einer teils meterhohen Schicht. Ascheregen trieben durch die Nordostwinde bis nach Spokane, über 400 km weit, wo es am Nachmittag finster wurde. Die hohe Aschewolke überquerte den ganzen amerikanischen Kontinent (Abb. 15). Zu den Folgen des Ausbruchs zählten außerdem Überflutungen und Schlammlawinen. Der Schlamm war außerordentlich zäh; er verstopfte den nördlichen Toutlearm und reichte bis in den Columbia River.

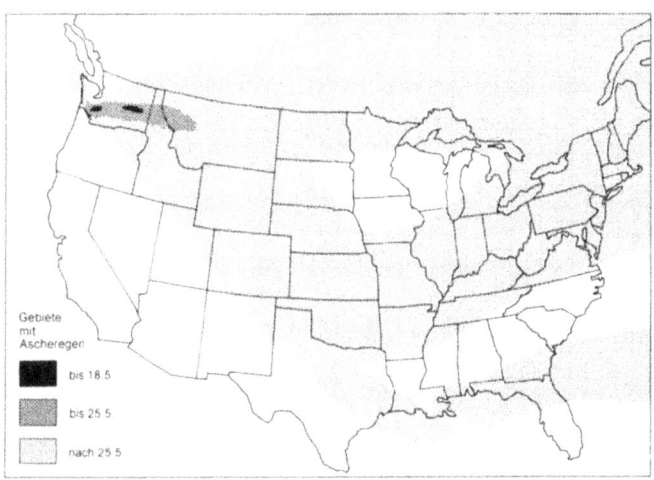

Abb. 15. Die Verbreitung des Ascheregens beim Ausbruch des Mount St. Helens 1980.

Bei diesem Vulkanausbruch kamen wahrscheinlich 57 Menschen ums Leben. Viele davon wurden unter riesigen Schuttmassen begraben. Durch die strengen Absperrmaßnahmen seit Beginn des sich abzeichnenden Ausbruchs und durch Evakuierungen konnte der »Katastrophentourismus« ferngehalten werden. Die Zahl der Todesopfer wäre sonst sehr viel höher gewesen.

14 Jahre nach dem Ausbruch öffnete am Rand des noch immer dampfenden Kraters ein Besucherzentrum. Es zeigt Ausstellungen zur Katastrophe von 1980 und zur künftigen Entwicklung der von Asche bedeckten, verwüsteten Landschaft mit den entwurzelten und verbrannten Bäumen. Durch Düngung und Grasaussaat aus der Luft sollen die toten Flächen bald wieder grün werden. Ein Rundweg am Mount St. Helens demonstriert, wie sich auf der verbrannten Erde wieder Pflanzen ansiedeln.

Alaska und Kamtschatka

In unzugänglichen, kaum besiedelten Gebieten bringen Vulkanausbrüche nur wenige Probleme für die Bevölkerung mit sich. Es sind keine großangelegten Evakuierungsaktionen erforderlich. So war es beim Ausbruch des Mount Spurr im Februar 1992 in Alaska. Das gilt jedoch auch für die meisten anderen 30 aktiven Vulkane dieses US-Bundesstaates. Sie liegen zumeist auf dem Aleuteninselbogen, der sich bis zur russischen Kamtschatkahalbinsel erstreckt. Auch auf dieser Halbinsel, die weithin menschenleer ist, gibt es ca. 30 aktive Vulkane.

Doch erst die ausufernden Ballungsräume menschlicher Zivilisation, wie in Japan oder auf den Philippinen, lassen die Gefahren, die mit einem Vulkanausbruch verbunden sind, zu einer katastrophalen Bedrohung werden.

4 Erdbeben

Die Schwächezonen der Erde entlang der Plattengrenzen der Erdkruste sind identisch mit den Zonen, in denen ein hohes Erdbebenrisiko besteht. Durch die »Kontinentaldrift« bewegen sich die Platten entweder aufeinander zu, so daß sie gestaucht werden, voneinander weg, wobei sie gezerrt werden, oder sie schrammen aneinander vorbei und verhaken sich.

Indem aneinander vorbeiziehende Platten sich verhaken oder beim Aufeinanderstoßen Druck ausüben, sammeln sich die tektonischen Spannungen mehr oder weniger tief unter der Erdoberfläche, bis sie sich in Brüchen lösen. Diese plötzlichen Brüche geben Spannungsenergie frei, verbunden mit Schwingungen, die sich in Erdbebenwellen äußern. Die Erdoberfläche kann durch diese Schockwellen bleibende umfangreiche Deformationen erfahren, wie z. B. Schrägstellungen, Verformungen entlang der Verwerfungslinie nach der Seite zu oder in vertikaler Richtung, Bergstürze, Erdrutsche oder Bodenverflüssigungen (besonders in Lehm und Sand) und Zusammensacken von lockeren Böden.

Die mehr oder weniger tief unter der Erde liegenden Erdbebenherde oder Herdflächen werden Hypozentren genannt; direkt über ihnen auf der Erdoberfläche liegen die von den Erdbebenwellen am meisten betroffenen Epizentren. Die Größe der Herdflächen sind maßgeblich für die Schwere der Erdbeben. Tiefenbeben sind auch bei großer Magnitude in ihren Auswirkungen weniger gefährlich als flache Herdflächen.

Erdbeben sind und bleiben Einzelereignisse. Es gibt keine exakten Wiederholungen, weil die vorhandenen tektonischen Spannungen immer durch die als Erdbeben meßbaren Brüche aufgehoben werden, und nicht wieder in derselben Weise entstehen können.

Fatal ist, daß es bei endogen bedingten Naturkatastrophen, besonders aber bei Erdbeben, nur selten Vorwarnzeiten durch eventuelle Vorbeben gibt, die man zur Flucht oder zur Evakuierung nutzen kann, wie dies bei Wetterkatastrophen oder Bränden der Fall ist. Es gibt auch keine sicheren zeitlichen Vorhersagemöglichkeiten. Nur zur räumlichen Erstreckung des Erdbebenrisikos sind durch eine weit zurückgehende Aufarbeitung von Überlieferungen, Aufzeichnungen und Beobachtungen Aussagen möglich.

Katastrophenverlauf bei Erdbeben

Für Erdbeben gelten die gleichen geodynamischen Grundsätze des Temperatur- und Druckausgleichs durch Konvektion wie beim Vulkanismus. Diese Ausgleichsbewegungen im Erdinnern stoßen auf die erstarrte Außenhülle des Erdkörpers, die Lithosphäre, und ihre oberste Schicht, die Erdkruste. Die vergleichsweise dünne feste Außenhülle wird durch die Ausgleichsprozesse im Erdkörper verschoben, verformt und zerrissen. Die Verformungsvorgänge und Verlagerungen tief im Erdinnern führen also zu Reaktionen an der Oberfläche. Die Bewegungen erfolgen besonders an den Plattengrenzen; so finden Erdbeben als kleinere oder große ruckhafte Verschiebungen an diesen Plattengrenzen statt (vgl. Abb. 4).

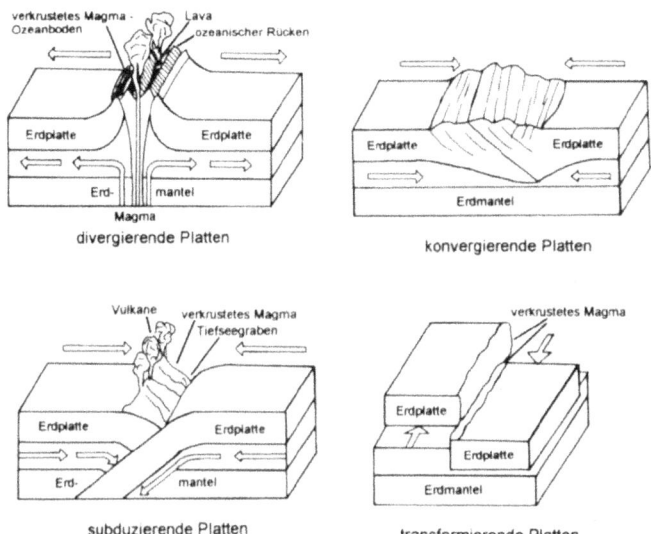

Abb. 16. Formen der Plattenbewegung.

Die Erdbeben, die in weiter Entfernung von den Plattengrenzen auftreten (ca. 5 % aller Beben), werden möglicherweise durch Schwachzonen der Platte bedingt, die bei der Bewegung auf dem Erdmantel eine Reibungsspannung verursachen und so zum Beben führen. Eine andere Vorstellung geht von Magnetfeldern, die sich in großer Dichte im Platteninnern befinden sollen, als Verursacher von Intraplattenbeben aus.

Die Theorie der Plattentektonik kann somit ca. 95 % aller Beben erklären. Die Vorgänge an den Plattengrenzen kann man folgendermaßen kategorisieren (s. auch Abb. 16):

- Divergierende Platten: Platten bewegen sich voneinander weg. Beispiel: Mittelozeanische Rücken in der Mitte des Atlantischen und Indischen Ozeans und im östlichen Pazifik.

- Subduzierende Platten: Bei aufeinanderstoßenden Platten durch Abtauchen der einen. Beispiel: »Zirkumpazifischer Feuergürtel«.
- Konvergierende Platten: Auffaltungsvorgänge beim Zusammenstoßen, wenn sich zwei kontinentale Platten aufeinanderzubewegen. Beispiel: Auffaltung des Himalaja zwischen Indien und Tibet.
- Transformierende Platten: Horizontalverschiebungen, zwei Platten gleiten aneinander vorbei. Beispiele: San-Andreas-Verwerfung in Südkalifornien oder Alpine Fault auf der Südinsel Neuseelands.

Es gibt drei seismisch sehr aktive Gebiete auf der Erde. Die Subduktionszonen in den Küstenbereichen des Pazifiks (»Zirkumpazifischer Feuergürtel«) stellen den seismotektonisch aktivsten Bereich der Erde dar. Die ozeanische Erdkruste taucht hier vor Mexiko, Mittel- und Südamerika direkt unter die kontinentale Erdkruste ab oder knickt an den westpazifischen Küsten unter vorgelagerten Inselketten und Randmeeren ab. Die Überschiebungsbereiche vor den Küsten sind wegen der Auslösung großer seismischer Wellen (Tsunamis) von großer Bedeutung.

Neben den zirkumpazifischen Bebengebieten fallen die Gefährdungszonen zwischen den kontinentalen Erdplatten auf, die zwischen Afrika, Arabien, Indien im Süden und Eurasien im Norden liegen, und die von den Azoren im Westen bis nach China und Sibirien reichen. Hier befinden sich die Erdbebenherde unter dem Bereich der Kontinente. Sie treffen hier durchweg auf dichtbesiedelte Räume. Die flachen Überschiebungsbereiche in Algerien, im Kaukasus, Himalaja sowie in Zentral- und Ostasien erleben verheerende Erdbebenkatastrophen.

Das dritte seismisch aktive Gebiet der Erde ist der Gürtel der mittelozeanischen Schwellen (Rücken, Rifte), wo durch aufsteigendes Material aus dem Erdmantel neue Erdkruste gebildet wird. Beben finden zu beiden Seiten dieser mittelozeanischen Schwellen statt, die im Atlantischen und Indischen Ozean in der Mitte und im Pazifik im östlichen Teil des Ozeans verlaufen.

Aufgestaute Spannungen lösen an den Plattengrenzen Erdbeben aus, die sich aber nicht nur auf die Plattenränder beschränken. Auch noch weit entfernt können die vom Bebenherd ausgestrahlten Erdbebenwellen im Platteninnern weitere Beben verursachen.

Es gibt drei Arten von Erdbebenwellen: Primär- oder Kompressionswellen, die sich mit der größten Geschwindigkeit durch jede Materie im Erdinnern fortpflanzen, und Sekundärwellen, nach ihrer Wirkung Scherwellen genannt, die nur festes Material durchdringen. An der Erdoberfläche verwandeln sich primäre und sekundäre Wellen in die dritte Wellenart, die Lange-(L-)Wellen. Diese sind für die Zerstörungen verantwortlich, weil ihre Wellenbewegung senkrecht zur Fortpflanzungsrichtung verläuft.

Erdbeben wirken sich als Hangbewegungen, dynamische Setzungen, Brüche und Bodenverflüssigungen aus. Die Beschleunigung und die dynamischen Schwingungen führen durch Schütteln zu primären Schäden am Bestand von Gebäuden und Anlagen, wie z. B. Straßen, Brücken usw. Bei vielen Katastrophen übersteigen jedoch die sekundären Schäden oft die direkten Erdbebenschäden: Brände brechen durch geborstene Gasleitungen aus; Menschen werden im Freien durch herabstürzende Bauteile erschlagen; große Verwüstungen entstehen durch Flutwellen.

Erdbebenmessung und Schadensausmaß

Vor der Einführung seismographischer Registrierungen (mikroseismische Methode) war man allein auf die Auswirkungen von Erdbeben angewiesen, um die Erschütterungen und ihre Schäden zu beschreiben. Die erste makroseismische Skala wurde 1883 von M. Rossi und F. Forel entwickelt. Sie umfaßte zehn Intensitätsstufen. 1964 wurde in den USA und Europa eine zwölfstufige Skala eingeführt, die sogenannte MSK-Intensitätsskala, die auf die Seismologen Medwedjew, Sponheuer und Karnik zurückgeht. Die 1902 von Mercalli aufgestellte zwölfstufige Intensitätsskala wurde zur modifizierten Mercalli-Skala (MM) von 1956. Daneben gibt es eine Skala von Mercalli, Sieberg und Cancani von 1917 (vgl. Tabelle 1).

Die Intensität der Bebenauswirkungen reicht von nur mit Instrumenten registrierbaren über kaum wahrnehmbare Erschütterungen, über Klirren, leichte Gebäudeschäden zu Rissen und Spalten, zum Einfallen von Wänden und Dächern, zum Zusammenfallen zahlreicher bis sämtlicher Bauten, zu Erdrutschen und großen Zerstörungen an der Erdoberfläche. Makroseismische Intensitätsbeobachtungen werden gewöhnlich in römischen Ziffern angegeben.

Seismographen, die mit dem Ausschlag einer schreibenden Nadel die tatsächliche Bewegung des Erdbodens dokumentierten, entwickelten die Grundlage für objektive und relative Aussagen über die Erdbebenstärke. Charles F. Richter führte 1935 den Begriff *Magnitude* (M) ein, als das Maß für die bei einem Beben freiwerdende seismische Wellenenergie. Ausgehend vom größten Ausschlag zwischen Wellenberg und Wellental auf dem Seismogramm ergibt sich die Amplitude in mm. Das Zeitinter-

Tabelle 1. Erdbeben-Intensitäts-Skalen (Nach Münchener Rückversicherungsgesellschaft 1988).

MM 1956	Bezeichnung	Beschleunigung % g	MSK 1964	RF 1883	JMA 1951
I	Unmerklich	< 0,1	II	II	
II	Sehr leicht	0,1–0,2	III	III	I
III	Leicht	0,2–0,5			
IV	Mäßig	0,5–1	IV	IV	II
V	Ziemlich stark	1–2	V	V	III
VI	Stark	2–5	VI	VI	IV
VII	Sehr stark	5–10	VII	VII	V
VIII	Zerstörend	10–20	VIII	IX	
IX	Verwüstend	20–50	IX		VI
X	Vernichtend	50–100 (≈ 1 g)	X	X	
XI	Katastrophe	1–2 g	XI		VII
XII	Große Katastrophe	> 2 g	XII		

MM, 1956 Modified Mercalli; *MSK*, 1964 Medvedev-Sponheuer-Karnik; *RF*, 1883 Rossi-Forel; *JMA*, 1951 Japan Metereological Ageny.

vall zwischen der Ankunft der Primärwellen (P) und der Sekundärwellen (S), sowie die Entfernung des aufzeichnenden Seismographen vom Bebenherd, werden mit der Amplitude in Verbindung gebracht, und daraus wird die freigesetzte Energie des Bebens berechnet.

Diese Energieskala ist logarithmisch aufgebaut. Jede Magnitude bezeichnet die vielfache Energie im Vergleich zur vorhergehenden. Das stärkste bisher aufgezeichnete Erdbeben war das Beben in Alaska 1964 mit einer Magnitude von 8,4.

Richters Energieskala wurde am »California Institute of Technology« (Caltech) entwickelt und galt speziell für die geologischen Verhältnisse in Südkalifornien. Messungen in anderen Gebieten erforderten Korrekturen. Eine Schwäche der Richter-Skala ist, daß sie *nicht*, wie allgemein gesagt wird, »nach oben offen ist«. Erdbeben, die über die Magnitude 7 hinausgehen, können nicht mehr exakt erfaßt werden.

In Kalifornien, der wissenschaftlichen Heimat des 1985 verstorbenen Seismologen Charles Richter und Hochburg der Erdbebenforschung, wurde eine neue Skala entwickelt, die auf den Fortschritten der seismologischen Meßtechnik und der flächendeckenden Verteilung moderner Erdbebenstationen basiert. Aus den Meßergebnissen elektronischer Seismographen wird das seismische Moment berechnet und die »Momentmagnitude« des Bebens ermittelt. Bei der Berechnung der Momentmagnitude steht nicht mehr die durch Beben freigesetzte Energie im Vordergrund, sondern die Länge des Bruches bei einem Beben. Besonders bei großen Beben, wie z. B. in Chile 1960, als es einen Bruch in der Erdkruste von 1000 km gab, ist das neue Verfahren aussagefähiger als die Richter-Skala. Das Chilebeben vom 22.5.1960 wird nach Richter mit 8,3, nach der Momentmagnitude mit 9,5 angegeben. Beim Alaskabeben vom 28.3.1964 betrug die Richter-Magnitude 8,4; die Momentmagnitude war 9,2. Die neue Skala setzt sich immer mehr durch. Der Erdbebendienst der USA gibt die Stärke von Erdbeben nur noch nach der Momentmagnitude an. Möglicherweise werden bei kleineren bis mittelgroßen Beben beide Skalen nebeneinander verwendet werden. Für die Schadensbeurteilung an Gebäuden wurde die Oberflächenwellenmagnitude maßgeblich.

Schadwirkungen von Erdbeben hängen neben dem Magnitudenwert sehr von der Tiefenlage des Erdbebenherdes ab. Bei tiefliegenden Bebenherden sind die Schäden geringer als bei oberflächennahen. Auch die Dauer der Erschütterung und die Zahl der nachfolgenden Erdstöße ist maßgeblich. Große Schäden werden durch länger anhaltende, größere Beschleunigungen ausgelöst. Sehr wesentlich für den Grad der Gefährdung ist der Untergrund eines Gebäudes, sowie seine Konstruktion und Bauqualität. Die Bodenverflüssigungsvorgänge, wie sie beispielsweise in Niigata (Japan 1964) passierten, zeigten, daß statisch einwandfreie Gebäude von hoher Bauqualität bei unzureichendem Baugrund durch Versetzung oder Schiefstellung zum Umkippen gebracht werden können.

Die Verformung der Erdoberfläche durch Verschiebungen (Dislokationen) verändert und zerstört den Untergrund, was die Gefährdung für Gebäude und Menschen noch erhöht.

Bei starken vertikalen Verstellungen kommt es auch zu Veränderungen im Küstenbereich. So hat sich beim Erdbeben von 1855 in Wellington, Neuseeland, der Hafenbereich um 1,5 m gehoben. 1931 fielen bei dem Erdbeben von Hawke's Bay bei Napier, Neuseeland, über 3000 ha Meeresboden trocken.

Erdbeben sind bei Hangrutschungen zumeist ein auslösendes Moment. Hangbewegungen können Gebäude, Verkehrs- und Versorgungsanlagen weitgehend demolieren. Im Gebirge gehen dadurch die Nutzflächen der Tallagen verloren. Auch für Tsunamis liegt die Ursache neben Vulkanausbrüchen oft bei Erbeben, die zu Verschiebungen des Meeresbodens führen. Beim großen Alaskabeben von 1964 sind mehr Menschen Opfer der

Tsunamis geworden als durch primäre und sekundäre Gebäudeschäden starben.

Im lockeren Bauuntergrund bewirken Erdbeben Setzungen; bei heterogenem Untergrund gibt es Setzungsdifferenzen. Feinsandiger Untergrund und hoher Grundwasserstand führt bei länger dauernden Erschütterungen zur »Bodenverflüssigung«; ganze Gebäude können so plötzlich schief stehen.

Bauwerke erleiden Schäden, indem sie zu Schwingungen angeregt werden. Dabei tritt zur primären Bodenbeschleunigung eine Relativbeschleunigung des Bauwerks hinzu – je höher das Gebäude ist, desto stärker. Hochhäuser weisen deshalb vor allem in den oberen Etagen eine zunehmende Eigenbewegung auf, was die Gesamtbeschleunigung gefährlich erhöht.

Riskant sind Stockwerke mit großen stützenfreien Räumen, die leicht zusammenfallen. Eng nebeneinander stehende Hochhäuser können sich beim Schwanken berühren und dabei demolieren. Von den Fassaden sich lösende Bauteile können Menschen in der Umgebung erschlagen. Bei niederen Gebäuden vergrößern verschiedenartige Materialien und Bauformen die Gefährdung. Der Bauwerksverband wird durch Risse und Verschiebungen aufgelöst, schließlich fallen Wände zusammen, und Decken liegen nicht mehr auf. Wichtig sind deshalb feste Verbindungen der einzelnen Bauelemente.

Nicht nur Gebäude können durch die von Erdstößen ausgehenden horizontalen Beschleunigungen beschädigt oder zerstört werden, es können auch Verschiebungen von Erd- und Gesteinsmassen an Hängen ausgelöst werden, die sich als Rutschungen von Lockergestein oder als Bergsturz von Felsmassen äußern, und so zu großen landschaftlichen Veränderungen führen.

Bei Verwerfungen, die sich an der Oberfläche als Spalten oder Verschiebungen bis zu mehreren Metern zeigen, werden Dämme, Verkehrswege und Versorgungsleitungen auseinandergerissen. Auch die Grundwasserverhältnisse können durch eine Verlegung der unterirdischen Fließrichtung beeinflußt werden; Quellen oder Brunnen können versiegen.

Erdbebenvorhersage

Trotz einer Vielzahl ausgewerteter Meßdaten und Beobachtungen und trotz historischer Vergleiche lassen sich die durch endogene Kräfte bedingten Naturereignisse, wie Erdbeben und Vulkanausbrüche, nicht exakt vorhersagen. Allein bei der Frühwarnung vor Erdbebenflutwellen, den Tsunamis, konnten einige Erfolge verbucht werden.

Die am weitesten zurückreichende Bebenregistrierung erfolgte in China, wo es auch die bisher verlustreichsten Erdbeben gab: 1556 sollen über 800000 Menschen umgekommen sein; 1976 wurden bei einem kurzdauernden Beben in Tangschan schätzungsweise über 600000 Menschen getötet; offizielle Angaben wurden nie veröffentlicht.

1975 hatte man in der Provinz Liaoning ein schweres Erdbeben richtig vorhergesagt. Weil die Menschen im Freien kampierten, blieben die Opfer trotz der Magnitude von 7,3 recht gering. Auffallend war dort das abnorme Verhalten der Haustiere vor dem Hauptbeben gewesen, wie es schon früher bei anderen Erdbeben festgestellt worden war.

Die Auswertung von Erdbebenstatistiken und die Lokalisierung erdbebengefährdeter Gebiete bringen keine konkreten Vorhersagen. Doch es gibt eindeutigere Hinweise auf mögliche Beben: Mikrorisse lockern und wölben das Gestein vorher auf (Dilatanz). Die sehr häufig auftretenden, nur von Instrumenten erfaßbaren Mikrobeben – die Erdbebenstation Bensberg bei Köln verzeichnete in den letzten 40 Jahren 80000 Beben – nehmen kurz vor Ausbruch eines großen Bebens auffallend zu. Im Gestein sind kurz vor schweren Erdstößen magnetische und elektrische Störungen nachweisbar. Diese Methode erfordert allerdings ein aufwendiges Überwachungsnetz mit empfindlichen Apparaturen, doch ermöglicht es rechtzeitige Evakuierungen.

Wo eine flächendeckende Erdbebenvorwarnung durch Apparate nicht möglich ist, werden wie in China traditionelle Naturbeobachtungen herangezogen, so z. B. das plötzliche Versiegen von Quellen, Veränderungen im Grundwasserspiegel sowie das abnorme Verhalten von Tieren usw. Zukunftsvisionen gehen davon aus, durch kleine kontrollierte, d. h. künstlich herbeigeführte, Sprengungen angestaute Spannungen zu lösen, um so verheerende Großbeben zu verhindern.

Vorsorgemaßnahmen

Oberstes Ziel der Erdbebenvorsorge ist die Vermeidung von Personenschäden. Zu diesem Zweck werden Vorschriften für das Bauen in erdbebengefährdeten Gebieten erlassen. Raumentwicklung und Bauleitplanung müssen dafür sorgen, daß verdichtete Siedlungen, vor allem aber hochempfindliche Anlagen, wie beispielsweise Staudämme oder Atomkraftwerke, nicht in erdbebengefährdeten Gebieten errichtet werden.

Die Bauvorschriften in den gefährdeten Gebieten sollen durch eine Erdbebensicherung der Gebäude negative Auswirkungen seismischer Bodenbewegungen ausschalten oder zumindest verringern (Abb. 17).

Abb. 17. Haus mit nachträglicher Erdbebensicherung im Friaul.

Aber eine absolut erdbebensichere Bauweise gibt es nicht, von Bunkern abgesehen, denn diesen extremen Horizontallasten und gleichzeitigen Resonanzen hält kein Gebäude stand. Doch Pfusch und mangelhafte Bauqualität zeigen sich im Katastrophenfall sofort, ebenso wie die ungenügende Berücksichtigung der Verhältnisse des Baugrundes.

Altbauten, die noch nicht nach Erdbebensicherheitsregeln errichtet wurden, manchmal ganze Altstadtkerne, müßten saniert werden. So stellt der Altbaubestand in allen von Erdbeben heimgesuchten Ländern ein großes Problem der Erdbebenvorsorge dar. Untergrundverhältnisse und seismische Lastvorgaben müssen bei Sanierungen besonders berücksichtigt werden.

Im Forschungszentrum Ispra in Italien hat die Europäische Gemeinschaft ein Testlabor in Betrieb genommen, in dem die Belastung von Gebäudekonstruktionen durch Erdstöße simuliert werden kann (ELSA = *Europe-*

an Laboratory for Structural Assessment). Diese Versuche kommen den wirklichen Vorgängen bei Erdstößen näher als die konventionellen Rütteltischtests, bei denen nur kurze Belastungen der Modelle möglich sind.

Nach vorangegangenen Katastrophen wurden schon im 18. Jahrhundert Anweisungen von Amts wegen für den erdbebensicheren Wiederaufbau gegeben. Nach den Beben in Südkalifornien 1925 und 1933 gab es sehr rigorose Bauvorschriften, vor allem für Schulgebäude und die im Katastrophenfall besonders benötigten Bauten, wie Krankenhäuser, Feuerwehrstationen und die Zentralen anderer Hilfsdienste. Dabei ist sehr wichtig, daß im Schadensfall gerissene Versorgungsleitungen *nicht* zu sekundären Katastrophen durch Brände führen können.

Eine weitere wichtige Erdbebenvorsorge ist die Bewußtseinsförderung der Bevölkerung, indem in Schule und Öffentlichkeit über Erdbebenrisiken aufgeklärt und richtiges Verhalten im Notfall geübt wird. Da selbst in tektonisch aktiven Gebieten der Erde größere Schadensereignisse nicht alltäglich sind, ist es schwer, bei der gefährdeten Bevölkerung über längere erdbebenfreie Zeiträume hinaus das Bewußtsein für die Gefahr lebendig zu halten. Frühere Katastrophen werden sehr schnell vergessen und verdrängt, und erzählte Katastrophen beeindrucken zudem weit weniger als selbst erlebte.

Schäden durch Erdbeben – ebenso wie durch Vulkanausbrüche – sind gewöhnlich nicht durch die üblichen Versicherungen gedeckt. Erdbebenschäden fallen normalerweise in die gleiche Kategorie der »höheren Gewalt« wie kriegerische Ereignisse. Hilfe für Erdbebengeschädigte erfolgt durch Hilfsaktionen des Landes oder der Kommunen, sowie über steuerliche Erleichterungen. Das Risiko von Erdbebenschäden ist versicherungstechnisch sehr schwierig abzuschätzen; außerdem müßten riesige Reserven für einzelne Katastrophenfälle angesammelt werden. Doch zur Deckung von Großschäden müssen sich auch große Versicherungsunternehmen rückversichern.

Als einziges deutsches Bundesland hat Baden-Württemberg mit dem deutschen »Erdbebenzentrum« Schwäbische Alb eine geregelte Erdbebenversicherung, die in der obligatorischen staatlichen Gebäudeversicherung (Feuerversicherung) eingeschlossen ist.

In den hochentwickelten Industriestaaten mit erhöhtem Erdbebenrisiko, wie z. B. Japan, USA (Kalifornien) und Neuseeland, gibt es ebenfalls Erdbebenversicherungen, wobei die Versicherungsprämien zumeist nach seismischen Zonen berechnet werden.

Wichtige Vorsorgemaßnahmen für den allgemeinen Katastrophenfall

Taschenlampen mit funktionierenden Batterien und batteriebetriebene Radios bzw. Fernseher bereitlegen, weil das Stromnetz im Ernstfall wohl zusammenbricht.

Vertrautsein mit der Bedienung der Hauptsicherungen und Absperreinrichtungen für Wasser und Gas, um Sekundärschäden durch Brand und Wasser zu verhindern.

Kontrolle des Gebäudes auf risikobelastete Bauteile, wie z. B. Dachplatten, Giebelfelder, Fassadenteile und Kaminsteine, die im Bebenfall abstürzen können. Kontrolle, ob die Verbindungen der Bauteile noch intakt sind.

Im Wohnbereich sollten hohe Möbel, insbesondere Regale, fest mit den Wänden verbunden sein.

Für den Ernstfall sollte Notgepäck – unter anderem Ausweise, Geld und Medizin – schnell griffbereit sein.

Vorsorgemaßnahmen im Fall eines Erdbebens
Im Freien ist man relativ sicher, doch droht bei dichter Bebauung Gefahr durch einstürzende Gebäude und herabfallende Bauteile (Dachziegel, Kamine, Giebel, Fassadenverkleidungen). Deshalb sollte man sich bei Bodenbewegungen von Bauwerken entfernen; der Abstand sollte mindestens die halbe Gebäudehöhe betragen. Auch Elekroleitungen, Strommasten und hohe Bäume sind zu meiden; am besten ist es, eine freie Fläche aufzusuchen.
Im Straßenverkehr sollte man während des Bebens keine Brücken und Unterführungen benutzen.
Im Innern von Gebäuden sind die sichersten Plätze unter den Türrahmen von tragenden Wänden oder unter stabilen Tischen. Fenster sind wegen des möglichen Glasbruchs gefährlich, ebenso die Nähe von Möbelstücken, die umfallen oder ihren Inhalt herausschleudern können. Aufzüge dürfen bei Erdbeben keinesfalls benutzt werden.
Nach dem Ende der Erschütterungen müssen Gas- und Wasserabsperrvorrichtungen geschlossen und ebenso die Hauptsicherungen für Strom abgeschaltet werden. Feuerstellen sind unbedingt zu löschen.
Nach dem Beben muß der Zustand des Gebäudes überprüft werden. Gelöste Teile sollte man entfernen, um Abstürze bei eventuellen Nachbeben zu verhindern. Beschädigte Gebäude müssen sofort geräumt werden. In der Nähe beschädigter Häuser sollte man sich nicht aufhalten.
Nach den Erschütterungen ist es ratsam, über Rundfunk oder Fernsehen (Batteriebetrieb) Informationen einzuholen; telefonieren sollte man nur im Notfall, um das Netz nicht zu überlasten.
Auf keinen Fall sollte man am »Katastrophentourismus« teilnehmen, also weder mit dem Auto her-

umfahren noch zu Fuß gehen, um Schäden zu besichtigen. Man behindert dadurch Rettungseinsätze und Hilfsaktionen und gefährdet sich zudem selbst. Die Bilder des Schreckens liefert das Fernsehen aus nächster Nähe, der Zuschauer sitzt dabei sicher »in der ersten Reihe«.

Wiederaufbauhilfe nach Erdbeben

Erdbeben stellen einen brutalen Eingriff in den Daseins- und Wirtschaftsraum des Menschen dar. Durch sie wird die gesamte wirtschaftsgeographische Struktur eines Raumes mindestens geschädigt, oft sogar irreparabel zerstört. Die Berichterstattung über die Katastrophe in den unterschiedlichen Medien führt dazu, daß für das vom Erdbeben betroffene Gebiet und seine Bevölkerung meist beträchtliche Hilfsgelder gespendet werden.

Die langfristigen sozioökonomischen Entwicklungsaussichten werden meist pessimistisch eingeschätzt. Doch Folgewirkungen in Katastrophenräumen belegen, daß auch positive Entwicklungsimpulse ausgelöst werden können. Dazu kann eine sachgerechte und raumadäquate Wiederaufbauhilfe beitragen (Lamping 1986).

Für den Wiederaufbau der von Erdbeben betroffenen Orte sind drei Konzepte denkbar, wie sie auch beim Wiederaufbau der im Krieg zerstörten Städte und Dörfer diskutiert wurden.

1. Rekonstruktion in Grund- und Aufriß

Veränderungen im Gebäudeaufriß sollten nur in dem Ausmaß vorgenommen werden, soweit es durch die seismisch sichere Bauweise unumgänglich ist. Dieser Wiederaufbau – eine Aufgabe von Dauer – sollte vorrangig in Selbst- und Nachbarschaftshilfe organisiert werden. Das

Abb. 18. Ziegelei in Santiago Sacatepequez, Guatemala: Herstellung von luftgetrockneten Ziegeln.

aus Spenden verfügbare Geld bleibt im Katastrophengebiet und führt zu Beschäftigungs- und Einkommenseffekten.

Eine erdbebensichere Notunterkunft unmittelbar vor Ort muß als Ausgangsbasis und Übergangshilfe zur Verfügung gestellt werden. Evakuierungen können dabei weitgehend vermieden werden. Die standörtlichen Bindungen, durch die die Siedlung und die Menschen in langer historisch-geographischer Entwicklung geprägt sind, bleiben bestehen. Bei der Rekonstruktion des Baubestandes können die regional vorhandenen Ressourcen (Ziegeleien, Steinbrüche) wie in der Vergangenheit genutzt werden. Bedeutsam für die wirtschaftliche Entwicklung des von der Katastrophe heimgesuchten Raumes sind der Aufbau bzw. die Ausweitung des örtlichen Bauhandwerks (Abb. 18).

2. Wiederaufbau mit städtebaulichen Veränderungen

Auch hier wird die in langer Zeit gewachsene standörtliche Einordnung der Siedlung beibehalten. Veränderungen im Grundrißgefüge ergeben sich, wenn das Ausmaß der Zerstörung keinen nutzbaren Baubestand übrig gelassen hat und auch die Infrastruktur vernichtet ist. Das trifft für eine Reihe von Siedlungen im süditalienischen Erdbebengebiet zu. Bis man hier an einen Wiederaufbau der zerstörten Orte denken kann, muß für einen langen Übergangszeitraum die verlorene Bausubstanz in Form von Fertighäusern importiert werden. Dabei gelangen die Einkommenseffekte leider nach außerhalb in die Produktionsländer der Fertighäuser. Deshalb ist dieses zweite nicht das beste Konzept, aber wohl die einzige Lösung, wenn der Zerstörungsgrad den Weg des rekonstruierenden Wiederaufbaus verbietet. Die Aufräumungsarbeiten, bei starken Hängen auch Veränderungen im Relief, das neue Straßen- und Parzellengefüge und der Wiederaufbau selbst nehmen viel Zeit in Anspruch. Veränderungen in den Eigentumsverhältnissen verunsichern die Bevölkerung und eine lange Evakuierungszeit entfremdet vom ursprünglichen Siedlungsstandort. Die als Übergangslösung konzipierte Wiederaufbauhilfe mit Fertighauskomplexen außerhalb der zerstörten Siedlung wird leicht zu einem Dauerzustand. Die Standortauswahl für die Übergangsbauten, die Dichte der Bebauung (ohne Freiflächen für spätere Gebäudeanfügungen), sowie die fehlende nachbarschaftliche Einordnung bei der Belegung der Übergangshäuser führen zu Schwierigkeiten und begünstigen die Abwanderungstendenzen, weil die bevölkerungspolitische Haltekraft bei diesem zweiten Konzept geringer ist als bei der Rekonstruktion.

3. Neubau von Siedlungen an neuen Standorten

Eine so umfassende Raumordnungsmaßnahme wird von dem betroffenen Land selbst konzipiert. Die ausländischen Hilfsorganisationen müssen sich in dieses vorgegebene Organisationsraster einfügen. Das Baumaterial, die Hausgröße und die Auswahl der Siedlungsstandorte können von den Trägern der Wiederaufbauhilfe nicht mehr beeinflußt werden. Beispiele aus Erdbebengebieten in der Türkei zeigen, daß die Konzeption des Wiederaufbaus nicht an den Bedürfnissen der betroffenen Bevölkerung ausgerichtet wurde. Durch die Annahmeverweigerung der angebotenen Gebäude seitens der Bevölkerung entsteht das Problem von Fehlinvestitionen und auch Enttäuschung bei den Hilfsorganisationen – aufgrund der scheinbaren Undankbarkeit.

Bei einem Neubau von Siedlungen an einem neuen Standort kann nur eine enge Koordination zwischen dem planenden Management der Regierung und den künftigen Bewohnern solche Verweigerungen und Enttäuschungen verhindern. Diese Möglichkeiten hat der ausländische Träger des Wiederaufbaus nicht, er kann sie vor allem nicht gegen den Willen der Regierung durchsetzen. Deshalb ist eine Wiederaufbauhilfe beim Neubau von Städten und Dörfern an neuen Standorten sehr problematisch.

Ein raumadäquater Wiederaufbau kann nur aus der wirtschafts- und sozialgeographischen Ausgangssituation heraus entwickelt werden. Dazu ist eine umfassende Kenntnis der Lebens- und Wirtschaftsverhältnisse im betroffenen Gebiet und auch das Verständnis für die historisch-geographische Entwicklung notwendig.

In der Regel führt dieses Konzept zu einer Zweiphasigkeit des Wiederaufbaus: In einer ersten Phase wird die raumspezifische Konzeption entwickelt. In dieser Zeit muß bereits eine Aufbauhilfe durch Übergangslösungen erbracht werden. In einer zweiten Phase wird danach der eigentliche Wiederaufbau in Selbst- und Nachbarschaftshilfe durchgeführt. Die Erschließung regionaler Ressourcen, sowie die Organisation und Durchführung des Wiederaufbaus, führt zu einer längeren Bauperiode. Mit Übergangsbauten am zerstörten Gehöft oder in unmittelbarer Nähe des zerstörten Gebäudes kann eine längere Wiederaufbaudauer in Kauf genommen werden. Notunterkünfte für einen Übergangszeitraum können Zelte, Campingwagen oder kleine Fertigbauten sein. Die Standortbindung bleibt auch bei diesen Übergangslösungen bestehen und die nachbarschaftlichen Bindungen als wesentliche Voraussetzung für die Nachbarschaftshilfe gehen nicht verloren.

Die längere Wiederaufbauphase, die sich aus der Erschließung und Nutzung regionaler Ressourcen und aus der Durchführung des Wiederaufbaus durch die Bevölkerung selbst ergibt, führt zu einer Standortbindung der arbeitsfähigen Bevölkerung. Unter der Anleitung von Experten ausländischer Hilfsorganisationen können handwerkliche Fähigkeiten vermittelt werden, bis hin zur Ausbildung von Bauhandwerkern mit spezifischen Fertigkeiten. Das in den Wiederaufbau fließende Spendengeld und die gesamte Wertschöpfung des Bausektors bleiben im Katastrophengebiet und führen zu Beschäftigungs- und Einkommenseffekten bei der vom Erdbeben betroffenen Bevölkerung. Der Bauboom einer längeren Wiederaufbauphase kann weg von der Entwicklungsbeeinträchtigung und hin zu neuen Entwicklungsimpulsen führen.

Für eine sinnvolle Hilfe durch ausländische Hilfsorganisationen ergeben sich hierbei folgende Konsequenzen: In der ersten Phase müssen Übergangsbauten, so z. B. Zelte, Container und kleine Fertigbauten, am Wiederaufbaustandort errichtet werden. In der zweiten Phase, der eigentlichen Wiederaufbauperiode, werden ausländische Hilfsorganisationen nur noch mittelbar tätig. Sie beschränken sich jetzt auf Beratung und Unterstützung durch Experten, die allerdings während der ganzen Aufbauphase anwesend sein müssen.

Wiederaufbauprojekte in Guatemala

Angesichts der Not der sozial schwachen und unterprivilegierten Landbevölkerung nach dem Erdbeben von 1976 begann eine weltweite Spenden- und Wiederaufbauaktion. Dabei wurde versucht, der Bevölkerung nicht nur zu helfen, sondern ihr auch Kenntnisse über erdbebensicheres Bauen zu vermitteln, um für die Zukunft vorzusorgen.

Bei ca. 30 Gemeinden herrschte ein Zerstörungsgrad von 100 %. Hier wurden in einigen Fällen außerhalb der Ortschaften Notbauten errichtet. In der Regel aber wurde versucht, am angestammten Standort die Wohnfunktion zu erhalten, sei es durch Eigenhilfe oder durch einfache Wohngebäude einer Wiederaufbauhilfe, bei der auf jeden Fall das schwere Ziegeldach vermieden wurde.

Die Institutionen, die in Guatemala beim Wiederaufbau tätig waren, verfolgten keine einheitliche Konzeption. Art und Umfang des Wiederaufbaus in den ihnen zugewiesenen Dörfern richtete sich nach der Höhe der jeweiligen Hilfsfonds.

In San Juan Sacatepequez im zentralen Hochland, einer Siedlung mit etwa 10000 Einwohnern, waren etwa 80 % des Bauvolumens zerstört. Das *Deutsche Rote Kreuz* als Träger des Wiederaufbaus in dieser Siedlung blieb beim traditionellen Steinbau, der nur unter dem Aspekt der Erdbebensicherung weiterentwickelt wurde.

Abb. 19. Konzept der Schweizer Wiederaufbauhilfe in Santiago Sacatepequez, Guatemala.

Die Steinbauten wurden durch die Einfügung von senkrechten und waagrechten Armierungen weitgehend erdbebensicher gemacht. Die Baukonzeption brachte keine Veränderung im standörtlichen Bezug. Die ortsansässige Bevölkerung fand beim Wiederaufbau Beschäftigung und erlernte bauhandwerkliche Fähigkeiten. Nach dem Ende der Wiederaufbauhilfe standen Maschinen und Lagerhallen für die Herstellung von Bimssteinen zur Verfügung.

Der Ort Santiago Sacatepequez hatte einen ähnlich hohen Zerstörungsgrad. Sein Wiederaufbau wurde von Hilfsorganisationen der Schweiz getragen und vom *Schweizer Katastrophenhilfskorps* vor Ort organisiert. Zur Durchführung der gesamten Bauarbeiten wurden kleine nachbarschaftliche Arbeitsgruppen gebildet: Zu jeder Arbeitsgruppe gehörten 10–20 Familien, die je ein Haus bekommen sollten. Ausgewählt wurde eine Holzbauweise mit Eternitbedachung, die eine beträchtliche

Abb. 20. Alter und neuer Baubestand in Zacapa, Guatemala.

Bebensicherheit bietet (Abb. 19). Durch die Organisation des Wiederaufbaus gelang es, eine größere Handwerkergruppe mit der für den Raum neuen Holzbauweise vertraut zu machen. Die beim Wiederaufbau verwendeten Materialien (Eternitplatten und Holz) waren im regionalen Raum nicht vorhanden; sie mußten aus anderen Landesteilen beschafft werden. Statt der Holzverkleidung wurden später luftgetrocknete Ziegel hergestellt und verwendet.

Im ländlichen Raum um Zacapa, im Osten von Guatemala, wurde ein Projekt der deutschen Bundesregierung aus Mitteln des *Auswärtigen Amtes* und des *Bundesministeriums für wirtschaftliche Zusammenarbeit* durchgeführt. Die hier heimische massive Bauweise aus Ziegelsteinen wurde beibehalten, die Wände wurden durch senkrechte und horizontale Armierungen gesichert; statt der im Erdbebenfall gefährlichen schweren Ziegeldächer wurde Wellblech verwendet (Abb. 20). Jede

Familie, die ein Haus haben wollte, mußte 80 Arbeitstage am Wiederaufbauprogramm mitwirken. Durch den Bau und Betrieb einer einfachen Ziegelei wurde vielen Guatemalteken die Fähigkeit zur Herstellung haltbarer gebrannter Ziegel und zu ihrer Vermauerung in erdbebensicherer Bauweise vermittelt. Als Ausgleich für die geleistete Arbeit wurden Grundnahrungsmittel ausgegeben, die im Rahmen des Programms »Food for Work« in Nachbarorten gekauft wurden. Zur Förderung der Infrastruktur in den Dörfern wurde ein Fonds eingerichtet, in den alle Familien etwas einzahlen, die von der Wiederaufbauhilfe ein Haus bekommen haben. Zusätzliche Maßnahmen zur Verbesserung der Infrastruktur bei Straßenbau, Trinkwasserversorgung und Bewässerung machten die Wiederaufbauhilfe zu einem Teil des Raumplanungskonzeptes.

Fallbeispiele

Historische Erdbebenberichte

Schon mittelalterliche Annalen, Chroniken und Archivalien berichten von Erdbeben. So ist für Mitteleuropa ein Beben mit der Intensität V (vgl. MSK-Skala in Tabelle 1) im Jahr 1012 in Westfalen nachweisbar. Am 2.8.1062 ereignete sich im Gebiet der Fränkischen Alb ein schweres Beben mit der Intensität VIII. Diese Naturereignisse sah man, ebenso wie die viel häufigeren Wetterkatastrophen, als himmlische Strafgerichte an.

Basel 1356

Das schwerste Beben Mitteleuropas mit der Intensität X ereignete sich 1356 in Basel. In der Stadt selbst wurden durch einstürzende Häuser, Kirchen und Mauern über 300 Menschen getötet; in der nördlichen Schweiz und im südlichen Rheingraben gab es große Verwüstungen.

Wien 1590

Das Beben in Niederösterreich von 1590, das auch in Wien und Bratislava schwere Schäden anrichtete, erreichte während des Hauptbebens vom 15./16. September den Intensitätsgrad VIII. Acht der insgesamt 18 damaligen Kirchen von Wien, darunter der Turm des Stephansdoms, wurden stark beschädigt. Im »Gasthof zur Sonne« kamen durch herabstürzende Gebäudeteile und einen einstürzenden Turm neun Menschen ums Leben. Vorbeben am Tag zuvor hatten die meisten Bewohner gewarnt, so daß viele Einwohner Wiens die Nacht im Freien verbrachten. Das Beben mit sechs Nachbeben hatte das vermutete Epizentrum im damals noch unbesiedelten Wienerwald. Die Herdtiefe wird zwischen 2 und maximal 30 km angenommen, die Magnitude mit maximal 6,3 angegeben. Dieses Erdbeben wurde systematisch nach historischen und naturwissenschaftlichen Methoden untersucht (Gutdeutsch et al. 1987).

Bemerkenswert ist auch der zeitgenössische Bezug dieses Naturereignisses: Das Beben von 1590 wurde zum Hauptargument der Gegner des Kernkraftwerks Zwentendorf bei Wien, denn Zwentendorf liegt nur ca. 30 km vom Epizentrum dieses Bebens entfernt. Die Volksabstimmung vom 5.11.1978 lehnte die Inbetriebnahme des Kernkraftwerks ab.

Lissabon 1755

165 Jahre nach dem niederösterreichischen Erdbeben ereignete sich am Allerheiligentag 1755 zur Gottesdienstzeit die Erdbebenkatastrophe von Lissabon. Goethe (1749 geboren) wurde als Kind durch die Erzählun-

gen von diesem »Weltereignis« sehr erschüttert, wie er im ersten Buch der »Dichtung und Wahrheit« schildert:

> Durch ein außerordentliches Weltereignis wurde jedoch die Gemütsruhe des Knaben zum ersten Mal im tiefsten erschüttert. Am 1. November 1755 ereignete sich das Erdbeben von Lissabon und verbreitete über die in Frieden und Ruhe schon eingewohnte Welt einen ungeheuren Schrekken. Eine große prächtige Residenz, zugleich Handels- und Hafenstadt, wird ungewarnt von dem furchtbarsten Unglück betroffen. Die Erde bebet und schwankt, das Meer braust auf, die Schiffe schlagen zusammen, die Häuser stürzen ein, Kirchen und Türme darüber her, der königliche Palast zum Teil wird vom Meere verschlungen, die geborstene Erde scheint Flammen zu speien, denn überall meldet sich Rauch und Brand in den Ruinen. Sechzigtausend Menschen, einen Augenblick vorher noch ruhig und behaglich, gehen miteinander zugrunde, und der Glücklichste darunter ist der zu nennen, dem keine Empfindung, keine Besinnung über das Unglück mehr gestattet ist. Die Flammen wüten fort und mit ihnen wütet eine Schar sonst verborgner oder durch dieses Ereignis in Freiheit gesetzter Verbrecher. Die unglücklichen Übriggebliebenen sind dem Raube, dem Morde, allen Mißhandlungen bloßgestellt; und so behauptet von allen Seiten die Natur ihre schrankenlose Willkür.
> Schneller als die Nachrichten hatten schon Andeutungen von diesem Vorfall sich durch große Landstrecken verbreitet; an vielen Orten waren schwächere Erschütterungen zu verspüren, an manchen Quellen, besonders den heilsamen, ein ungewöhnliches Innehalten zu bemerken gewesen; um desto größer war die Wirkung der Nachrichten selbst, welche erst im allgemeinen, dann aber mit schrecklichen Einzelheiten sich rasch verbreiteten. Hierauf ließen es die Gottesfürchtigen nicht an Betrachtungen, die Philosophen nicht an Trostgründen, an Strafpredigten die Geistlichkeit nicht fehlen. So vieles zusammen richtete die Aufmerksamkeit der Welt eine Zeitlang auf diesen Punkt, und die durch fremdes Unglück aufgeregten Gemüter wurden durch Sorgen für sich selbst und die Ihrigen um so mehr geängstigt, als über die weitverbreitete Wirkung dieser Explosion von

allen Orten und Enden immer mehrere und umständlichere Nachrichten einliefen. Ja vielleicht hat der Dämon des Schreckens zu keiner Zeit so schnell und so mächtig seine Schauer über die Erde verbreitet. Der Knabe, der alles dieses wiederholt vernehmen mußte, war nicht wenig betroffen.

Das schwere Erdbeben vor der Atlantikküste mit der geschätzten Magnitude 8,0 zerstörte in der damaligen Handelsmetropole Lissabon fast alle Gebäude. In Lissabon selbst kamen etwa 8000 Menschen um, insgesamt waren wohl durch Erschütterungen und Tsunamiflutwellen in Spanien, Portugal und Marokko ca. 70000 Todesopfer zu verzeichnen. Der Bebenherd lag auf der Bruchzone, die sich von den Azoren nach Gibraltar zieht. Das Beben, eines der schwersten der Neuzeit, war noch in entfernten Gegenden Europas und Nordafrikas zu spüren. Doch wurden auch eigenständige Beben, wie das im deutsch-niederländisch-belgischen Grenzgebiet von Ende Dezember bis Februar 1756 dauernde, dem großen Beben von Lissabon zugerechnet.

Erstmals setzten sich daraufhin Philosophen mit dem Naturgeschehen auseinander. Voltaire schrieb unter dem Eindruck des Schreckens ein Lehrgedicht »Poème sur le désastre de Lisbonne«, das 1756 weite Verbreitung fand. Er griff darin die theologische Rechtfertigung vom grausamen, strafenden Gott an, aber auch die metaphysischen Trostversuche. Rousseau fragte in einem an Voltaire gerichteten Brief über die Vorsehung, »ob es recht sei, die Natur menschlichen Gesetzen zu unterwerfen.« Auch Kant setzte sich mit der Erdbebenkatastrophe auseinander in seiner »Geschichte und Naturbeschreibung der merkwürdigen Vorfälle des Erdbebens, welches an dem Ende des 1755sten Jahres einen großen Teil der Erde erschüttert hat«. Auch Kant lehnt wie Voltaire die Deutung als Strafgericht entschieden ab. Er wendet sich auch gegen die anthropozentrische Deutung des Naturgeschehens. Für ihn steht die Natur selbst im Vordergrund: »Die Erschütterungen seien durch das Wasser in weite Teile der Welt übertragen worden.«

Mit dem Erdbeben von Lissabon, das soviel Zerstörung brachte, endete die Zeit, in der man angesichts der Hilflosigkeit gegenüber Naturkatastrophen übernatürliche Mächte als Katastrophenauslöser heranzog. Die Erderschütterungen und Flutwellen in Lissabon und die Schwingungen in weit entfernten Gegenden wurden erstmals als zusammenhängend gesehen. Auch erste Befragungen der Überlebenden nach ihren Erfahrungen und Beobachtungen während und nach dem Beben wurden durchgeführt.

1975 gab es im Ostatlantik ein schweres Seebeben mit der Magnitude 7,8. Die Schäden in Portugal waren jedoch nicht mit den Auswirkungen des Bebens von 1755 zu vergleichen, weil das Epizentrum viel weiter von der Küste entfernt lag.

Erdbeben im Übergangsbereich Afrika – Europa

Italien

Die plattentektonischen Gegebenheiten, die für Erdbeben und Vulkanismus am südlichen Ende des italienischen Stiefels und auf Sizilien verantwortlich sind, erweisen sich als vielfach gebrochene Krustenblöcke, die sich gegeneinander bewegen. Die »Knautschzone« zwischen Europa und Afrika ist geologisch sehr differenziert. Möglicherweise liegt zwischen Sizilien und Kalabrien eine Riftzone, die eine Ausdehnung der Meerenge von Messina bewirkt (Abb. 21). Das Beben von Messina 1908 hatte seine katastrophale Wirkung durch den sehr flach unter der Meerenge liegenden Erdbebenherd. Die

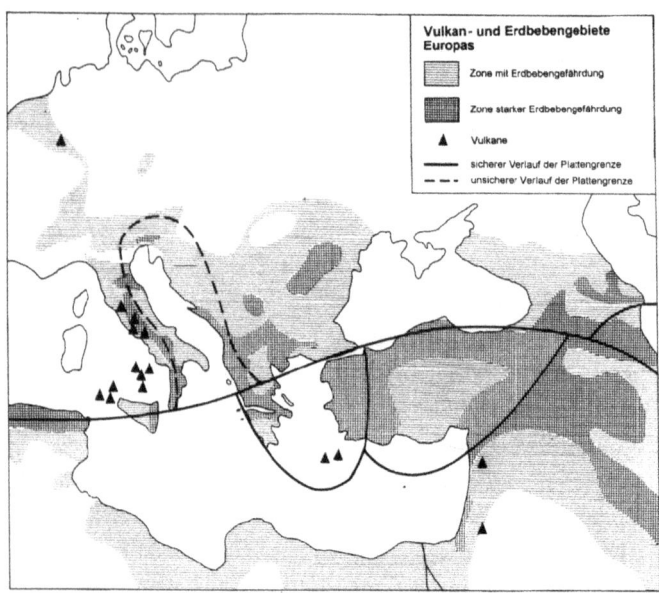

Abb. 21. Vulkane, Erdbebengefährdung und Plattengrenzen im Übergangsbereich Afrika – Europa.

sonst im Tyrrhenischen Meer vorkommenden Beben sind zumeist ausgesprochene Tiefbeben (in einer Tiefe von 200 km und mehr) mit weniger katastrophalen Auswirkungen.

Kalabrien und Nordostsizilien. 1783 erschütterte ein gewaltiges Erdbeben Kalabrien und Nordostsizilien, das weitreichende Veränderungen der Erdoberfläche mit sich brachte: Verwerfungen, Spalten, Schlammströme, Erdrutsche, Felsstürze und Überschwemmungen. Die neuen Veränderungen der Landschaft wurden dabei erstmals vermessen. Es gab insgesamt über 90000 Tote. Die benachbarten Vulkane Ätna, Vesuv und Stromboli brachen nicht aus, wie man befürchtet hatte. Erst nach einer langen Periode von Nachbeben kam die Erde wieder zur Ruhe.

Als Goethe drei Jahre später während seiner »Italienischen Reise« nach Messina kam, beherrschten immer noch Ruinen die Stadt, und die meisten Einwohner hausten in den provisorischen Unterkünften, in die sie sich nach der Katastrophe geflüchtet hatten. Am 9. Mai 1787 notierte Goethe:

> Und so gelangten wir nach Messina ... Dieser Entschluß gab gleich beim Eintritt den fürchterlichsten Begriff einer zerstörten Stadt. Denn wir ritten eine Viertelstunde lang an Trümmern nach Trümmern vorbei, ehe wir zur Herberge kamen, die, in diesem ganzen Revier allein wieder aufgebaut, aus den Fenstern des obern Stocks nur eine zackige Ruinenwüste übersehen ließ. Außer dem Bezirk dieses Gehöftes spürte man weder Mensch noch Tier; es war nachts eine furchtbare Stille ... Nach dem ungeheuern Unglück, das Messina betraf, blieb, nach zwölftausend umgekommenen Einwohnern, für die übrigen dreißigtausend keine Wohnung: Die meisten Gebäude waren niedergestürzt, die zerrissenen Mauern der übrigen gaben einen unsichern Aufenthalt. Man errichtete daher eiligst im Norden von Messina, auf einer großen Wiese, eine Bretterstadt, von der sich am schnellsten derjenige einen Begriff macht, der zu Meßzeiten den Römerberg zu Frankfurt, den Markt zu Leipzig durchwanderte; denn alle Krämläden und Werkstätten sind gegen die Straße geöffnet, vieles ereignet sich außerhalb ... So wohnen sie nun schon drei Jahre, und diese Buden-, Hütten-, ja Zeltwirtschaft hat auf den Charakter der Einwohner entschiedenen Einfluß. Das Entsetzen über jenes ungeheure Ereignis, die Furcht vor einem ähnlichen treibt sie, der Freuden des Augenblicks mit gutmütigem Frohsinn zu genießen. Die Sorge vor neuem Unheil ward am 21. April, also ungefähr vor zwanzig Tagen, erneuert: Ein merklicher Erdstoß erschütterte den Boden abermals ...
> Wir traten in die mit Brettern beschlagene und gedeckte Hütte. Der Eindruck war völlig wie der jener Meßbuden, wo man wilde Tiere oder sonstige Abenteuer für Geld se-

hen läßt. Das Zimmerwerk an den Wänden wie am Dache sichtbar; ein grüner Vorhang sonderte den vordern Raum, der, nicht gedielt, tennenartig geschlagen schien. Stühle und Tische befanden sich da, nichts weiter von Hausgeräten. Erleuchtet war der Platz von oben durch zufällige Öffnungen der Bretter ...
Einzig unangenehm ist der Anblick der sogenannten Palazzata, einer sichelförmigen Reihe von wahrhaften Palästen, die, wohl in der Länge einer Viertelstunde, die Reede einschließen und bezeichnen. Alles waren steinerne vierstockige Gebäude, von welchen mehrere Vorderseiten bis aufs Hauptgesims noch völlig stehen, andere bis auf den dritten, zweiten, ersten Stock heruntergebrochen sind, so daß diese ehemalige Prachtreihe nun aufs widerlichste zahnlückig erscheint und auch durchlöchert; denn der blaue Himmel schaut beinahe durch alle Fenster. Die inneren eigentlichen Wohnungen sind sämtlich zusammengestürzt.

120 Jahre später, am 28. Dezember 1908, fand im Gebiet von Messina und der Region Kalabrien wiederum ein sehr heftiges Erdbeben statt, mit gewaltigen Zerstörungen entlang der Straße von Messina. Die Oberflächenwellenmagnitude betrug 7,0. Die Zahl der Todesopfer war mit 83000 sehr hoch. Sizilien und Süditalien erwiesen sich als besonders gefährdete Erdbebengebiete im Mittelmeerraum.

Westsizilien. Am 15. Januar 1968 forderte ein neues Erdbeben mit der Oberflächenwellenmagnitude 6,1 in Gibellina und im Val Belice auf Westsizilien 740 Tote (Abb. 22).

1994 stürzte das Dach der neuerbauten Kirche von Gibellina ein, ehe die Kirche geweiht war. Daran war kein Erdbeben schuld, die Kirche stand auch nicht auf seismisch unsicherem Grund. Schuld war die unsachgemäße mangelhafte Bauausführung. Die Presse nahm diesen Einsturz zum Anlaß, um auf den Skandal hinzuweisen, daß nicht zuletzt wegen Korruption und Behördenschlampe-

Abb. 22. Die Ortschaft Gibellina auf Sizilien wurde nach dem Beben 1968 aufgegeben.

rei 26 Jahre nach der Katastrophe im Val Belice noch immer fast 5000 »Terremotati« (= Erdbebenopfer) in Baracken leben müssen.

Südostsizilien. Im Dezember 1990 wurde der Südosten Siziliens von einem relativ schwachen Erdbeben erschüttert, die Magnitude lag knapp über fünf. Der Erdbebenherd befand sich vor der Südostküste der Insel, wo die Erde meist ruhig ist; starke Beben ereignen sich eher an der Nordküste. Doch die Überlieferung berichtet von einem außerordentlich starken Beben bei Syrakus im Jahr 1693; allein in Catania sollen damals 20000 Menschen umgekommen sein, und sogar auf Malta seien noch Kirchtürme eingestürzt.

Süditalien. Im Januar 1915 zerstörte ein Erdbeben mit der Magnitude 7,0 fast vollständig die Stadt Avezzano in den Abruzzen, 75 km östlich von Rom. Die Verluste an Menschenleben wurden mit 30000 angegeben.

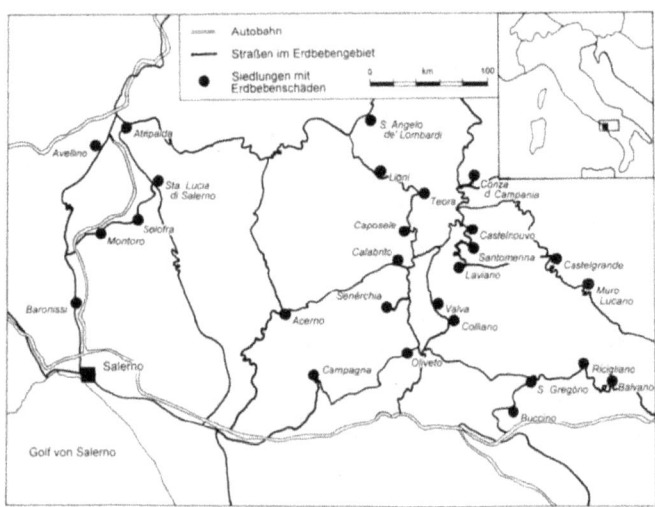

Abb. 23. Das süditalienische Erdbebengebiet 1980: Siedlungen mit Erdbebenschäden.

Fast ebenso katastrophale Auswirkungen hatte das Erdbeben vom 23.11.1980 in den süditalienischen Regionen Kampanien und Basilikata, im Hinterland von Neapel zwischen Avellino und Potenza (Abb. 23). Die Magnitude des Bebens von 6,8 und die geringe Herdtiefe von 10 km führten zu großen Verlusten. Es gab über 3000 Tote, und über 230000 Menschen wurden obdachlos. Das Schadensgebiet umfaßte 28000 km^2 mit über 300 Ortschaften, von denen 35 total zerstört wurden und 95 große Schäden erlitten. Die Erdbebenschäden an den Ausgrabungsstätten von Pompeji, Herkulaneum und Stabiae waren sehr groß, ebenso in den Museen und Kirchen von Neapel.

Resignation und Fatalismus schienen die abgelegenen Dörfer des Mezzogiorno zu lähmen. Nur mit großen Verzögerungen kamen Bergungsmannschaften in die schlecht zu-

Abb. 24. Wiederaufbau in Laviano, Süditalien, Jahre nach der Zerstörung.

gänglichen Ortschaften. Die Behörden wurden wegen der Verzögerungen der Ersten Hilfe und wegen Korruption und Verschwendung beim Wiederaufbau kritisiert.

Hilfsorganisationen aus aller Welt leisteten freiwillige Wiederaufbauhilfe; das Spendenaufkommen war enorm. So engagierten sich die evangelischen Kirchen Deutschlands, der Schweiz und der USA im Wohnungsbau. Das *Deutsche Rote Kreuz* leistete fast zwei Jahre Wiederaufbauarbeit, wobei über 500 Wohnhäuser aus Holz von freiwilligen Helfern des DRK in den Provinzen Avellino und Salerno errichtet wurden, dazu Sozialzentren, Schulen, Kindergärten und ein Krankenhaus. Über 25 Millionen DM waren allein in der Bundesrepublik in einer beispiellosen Spendenaktion des *Roten Kreuzes* zusammengekommen. Trotzdem mußte ein Jahr nach der Katastrophe noch die Hälfte der Obdachlosen den zweiten Winter in Notunterkünften (Schulen oder Wohnwagen) verbringen (Abb. 24).

Friaul. Sehr viel zügiger und tatkräftiger als in Süditalien gingen Erste Hilfe und Wiederaufbau im norditalienischen Friaul vonstatten. Im »Erdbebenjahr 1976« hatte es im Friaul am 6. Mai ein schweres Erdbeben mit einer Magnitude von 6,5 und einer Herdtiefe von 15 km gegeben, das schwere Schäden und hohe Verluste brachte: 1000 Tote und über 3000 Verletzte. Das Schadensgebiet umfaßte 4800 km^2; 119 Gemeinden waren betroffen; es gab 80000 Obdachlose und reine Bauschäden in Höhe von 3,5 Milliarden DM. Hangbewegungen im Tagliamentotal vergrößerten das Ausmaß der Schäden. Das Epizentrum lag bei Gemona, nördlich der Entwicklungsachse der oberitalienischen Tiefebene, in enger Nachbarschaft zu Österreich und zum damaligen Jugoslawien. Das Katastrophengebiet war für die Ersthelfer sehr schnell erreichbar. Aufgrund eines Natomanövers in der Nähe waren schweres Bergungsgerät und Hubschrauber sofort verfügbar. Zwei weitere starke Beben im September 1976 unterbrachen den Wiederaufbau und führten zu erneuten Schäden, doch nur geringen Menschenverlusten. Die Obdachlosen konnten in den Adriahotels Zuflucht finden.

Erdbeben sind in dieser Region nicht unbekannt. Seit 1348 (Villacher Beben) sind recht schwere Erschütterungen überliefert, mit geschätzten Magnituden zwischen 5,5 und 6,5 in den Jahren 1511, 1690, 1788 und 1928 (gemessene Magnitude bei Tolmezzo 5,8).

Die Erdbebenkatastrophe im Friaul und ihre Bewältigung sind sehr intensiv untersucht und dokumentiert worden (Geipel 1977).

Pozzuoli. 1983 kam es bei Pozzuoli, einer Hafenstadt am Golf von Neapel am Südrand der Phlegräischen Felder, zu einer zunehmenden Intensität seismischer Erschütterungen in Verbindung mit einer Landhebung von bis zu 10 cm pro Monat, was auf eine unterirdische Magmaansammlung schließen ließ. Wegen der Erdstöße wurde die meist baufällige Innenstadt von Amts wegen geräumt, Zeltstädte vom Militär angelegt und eine neue Kaianlage am Hafen gebaut, weil durch die Hebungen das Hafenbecken zu seicht geworden war.

Die Stadt mit den Fumarolen, Thermalquellen, brodelnden Schlammlöchern und den dampfenden Phlegräischen Feldern hatte neben solchen Hebungs- auch schon öfter Senkungsphasen mitgemacht, wie die Muschelspuren an den antiken Säulen des »Serapeion« im Hafen von Pozzuoli beweisen.

Ägypten

In Ägypten, wo im Mittelalter viele antike Bauten durch Erdbeben einstürzten, wie der als »Weltwunder« bezeichnete Leuchtturm von Alexandria, ereignete sich am 12. Oktober 1992 ein Erdbeben mit der Magnitude 5,9, dessen Epizentrum nur wenige Kilometer von Gizeh (30 km südwestlich von Kairo) entfernt war. Die Verluste – ca. 400 Tote, 4000 Verletzte und 180 zerstörte Häuser – hielten sich in Grenzen, angesichts der behördlich geduldeten Mißachtung aller Bauvorschriften und der vielen improvisierten Behelfsbehausungen. Auch ohne seismische Erschütterungen sind in Kairo einstürzende Hochhäuser fast alltäglich. Nicht nur in den Slums kam es beim Erdbeben zu Zerstörungen, auch mangelhaft gebaute moderne Gebäude fielen zusammen wie Kartenhäuser. Bemerkenswert erscheint die religiöse Deutung des Naturereignisses durch islamische Fundamentalisten: »als Fügung und Prüfung des Himmels und als Mahnung, die religiösen Vorschriften einzuhalten«.

Abb. 25. Traditionelles Gehöft in Ostanatolien.

Türkei

Die Türkei erlebte in den vergangenen Jahrzehnten in Ostanatolien eine starke Häufung von Erdbeben mit katastrophalen Auswirkungen. Am 26. Dezember 1939 ereignete sich in der Osttürkei bei Erzincan ein sehr schweres Beben mit der Magnitude von 7,9 und einer Herdlänge von über 200 km. Über 30000 Tote waren zu beklagen. Die traditionellen Häuser aus dicken Bruchsteinwänden mit mehrschichtigen, schweren Flachdächern in den ländlichen Gebieten haben sich bei den wiederholten seismischen Aktivitäten als hoher Risikofaktor erwiesen: Sie stürzen zusammen und erschlagen ihre Bewohner (Abb. 25).

Weitere schwere Erdbeben in der Türkei gab es 1966 bei Varto (M = 6,9, 2500 Tote), 1970 bei Gediz (M = 7,4, 1100 Tote), 1971 bei Bingöl, 1975 bei Lice (M = 6,8, 3000 Tote), 1976 bei Muradiye (M = 7,3, 4000 Tote) und 1983 bei Erzurum (M = 6,5, 1300 Tote).

Alle diese Erdbeben sind nach städtischen Siedlungen benannt, um eine räumliche Zuordnung zu erleichtern. Betroffen waren zumeist nicht so sehr die Städte, die den Beben den Namen gaben, sondern der umgebende ländliche Raum mit seiner bescheidenen landwirtschaftlichen Infrastruktur.

Das letzte Beben vom 30.10.1983 nordöstlich von Erzurum hat fast 50 Dörfer mehr oder weniger stark zerstört und 75000 Menschen obdachlos gemacht. Betroffen war ein Gebiet, das ausschließlich von der Landwirtschaft lebt, vor allem von der Viehzucht. Der hohe Zerstörungsgrad in den Dörfern schien die türkische Regierung zu einer gravierenden Änderung der Siedlungsstruktur zu veranlassen. Man wollte den Wiederaufbau, in Anlehung an die vorhandenen kleinstädtischen Zentren, in Neubaugebieten konzentrieren – nicht zuletzt auch aus politischen Gründen, um die vorwiegend kurdische Bevölkerung besser kontrollieren zu können.

Ähnlich war es bereits bei früheren Erdbeben in Ostanatolien gewesen, so bei Muradiye, Caldiran. Dort waren bei einer Gesamtbevölkerung von 180000 im Erdbebengebiet 51000 Menschen obdachlos geworden. Von etwa 30000 vorhandenen Gebäuden waren 5200 beschädigt und 9200 zerstört worden. Die übliche Bauweise mit dicken Bruchsteinmauern und schweren Flachdächern war für die klimatischen Gegebenheiten mit heißen Sommern und kalten Wintern ideal, bei Erdbeben jedoch katastrophal. Nicht nur die Gebäude waren den klimatischen und wirtschaftlichen Bedingungen des Raumes angepaßt, auch die Standortverhältnisse der Einzelgehöfte, Dörfer und kleinen Städte haben die besonderen geographischen Verhältnisse berücksichtigt. Kennzeichnend sind günstige Grundwasserverhältnisse, und die Muldenlage bringt kleinklimatische Vorteile.

Abb. 26. Ostanatolien: Überreste der erdbebenzerstörten alten Ortschaft und neu errichtete Siedlung.

Die seit Jahrhunderten beibehaltene standörtliche Einordnung der Siedlungen sollte nach dem Wiederaufbaukonzept der türkischen Regierung aufgegeben werden. Neue Siedlungsareale in meist beträchtlicher Entfernung von den alten Standorten wurden ausgewiesen. 1977 wurden ca. 10000 vorgefertigte Häuser aus Holz- und Asbestmaterialien von Aufbautrupps der Regierung errichtet (Abb. 26). Bei diesen weitreichenden Raumordnungsmaßnahmen fand keine Koordinierung zwischen der Planungsebene und der betroffenen Bevölkerung statt. Auch die ausländischen Hilfsorganisationen mußten sich in dieses vorgegebene Organisationsraster einfügen. Die Bevölkerung im Gebiet von Muradiye war mit den neuen Standorten nicht zufrieden; der Wiederaufbau hatte sich nicht an ihren Bedürfnissen orientiert. Bei der kurzfristigen Festlegung der neuen Siedlungsstandorte wurde oft die Muldenlage der Dörfer aufgegeben, und die Entfernung zu den noch nutzbaren Wirtschaftsgebäuden in den ehemaligen Gehöften war zu groß. Durch die dichte Bebauung der neuen Siedlung war es meist unmöglich, durch Anbauten das Wohnhaus zu einem Gehöft auszubauen. Auch die Hausgröße und die verwendeten Materialien mit geringer Abschirmung von Sommerhitze und Winterkälte wurden kritisiert. Es gab Annahmeverweigerungen und manche Häuser wurden nach kurzer Wohndauer wieder verlassen.

Ähnliche Entwicklungen gab es in anderen türkischen Erdbebengebieten, so nach dem Erdbeben in Lice von 1975 und beim Wiederaufbau in Gediz 1970 in Westanatolien. Durch die Verlagerung des Siedlungsstandortes ohne Rücksicht auf die Bedürfnisse der Bevölkerung war es, aufgrund der Konstruktion und Kleinheit der neuen Häuser, nicht mehr möglich, Haustiere mit ins Gebäude aufzunehmen, wie das bisher üblich war. Auch die großen, von außen einsehbaren Fenster wurden von der islamischen Bevölkerung abgelehnt.

Beim Wiederaufbau in dieser Form, mit Neubauten an neuen Standorten, kann nur eine Koordination zwischen dem planenden Management der Regierung und der betroffenen Bevölkerung Enttäuschungen verhindern. Von ausländischen Hilfsorganisationen als Trägern von Wiederaufbauprojekten kann dies nicht geleistet, vor allem aber nicht gegen den Willen der Regierung durchgesetzt werden. Da die Wiederaufbauhilfe an neuen Standorten recht problematisch ist, sollten Spendengelder vor allem für Notmaßnahmen unmittelbar nach dem Beben oder für den Bau von Infrastruktureinrichtungen (Schulen, Krankenhäuser, Sozialzentren) verwendet werden.

Erdbeben im Osten der Eurasischen Platte

Armenien

Im Norden Armeniens, in unmittelbarer Nachbarschaft zu den Erdbebenländern Türkei und Iran, gab es am 7. Dezember 1988 ein schweres Beben, das etwa 25000 Menschenleben forderte. Im Kaukasischen Hochland, 120 km nördlich von Eriwan, wurden in einem Gebiet von 3600 Quadratkilometern vier Städte (Leninakan, Kirowakan, Stepanawan, Spitak) und 160 Dörfer schwer beschädigt. 80 % der Wohngebäude und die meisten öffentlichen Bauten, wie Schulen und Krankenhäuser, waren zerstört und über 1 Million Menschen obdachlos geworden. Schuld an den Schäden war die schlechte Bauausführung und die schweren, ungenügend verankerten Betondecken, sowie die mangelhaften Armierungen, die zum Einsturz vor allem von Neubauten führten. Für Notmaßnahmen und den Wiederaufbau konnte das *Deutsche Rote Kreuz* ein Spendenaufkommen von insgesamt 41 Millionen DM einsetzen.

Iran

Der Iran ist, genau wie die angrenzende Türkei, ein klassisches Erdbebenland aufgrund der tektonischen Spannungen beim Aufeinandertreffen der eurasischen und der arabischen Platte. In der zweiten Hälfte des 20. Jahrhunderts gab es 1962 ein schweres Erdbeben bei Kaswin am Südrand des Elbrusgebirges, ungefähr 100 km nordwestlich von Teheran entfernt. 160 Orte wurden zerstört; die Magnitude betrug 7,3, und es gab mindestens 13000 Tote.

1968 ereignete sich ein heftiges Beben mit der Magnitude 7,4 südlich von Mesched im Grenzgebiet zu Afghanistan. Dabei gab es auf 80 km Länge beträchtliche

Verschiebungen an der Erdoberfläche. Über 10000 Tote waren zu beklagen.

Das nächste schwere Erdbeben geschah 1972 im Süden des Irans bei Fars nahe dem Persischen Golf. Es hatte die Stärke 7,1 und kostete über 5000 Menschen das Leben.

Am 16. September 1978 bebte die Erde erneut im Osten des Landes. Das Epizentrum lag bei Tabas, etwa 700 km südöstlich von Teheran. Das Beben mit der Magnitude 7,5 forderte vermutlich über 25000 Todesopfer. Die Verluste waren sehr hoch, weil ein fruchtbares, dichtbesiedeltes Gebiet mit Obstplantagen getroffen wurde. Die Behausungen waren, wie in den ländlichen Gebieten der Türkei, klimatisch gut an Sommerhitze und Winterkälte angepaßt, wurden jedoch bei Erdbeben zu tödlichen Fallen.

Nach kleineren Erschütterungen 1979 und 1981 kam es am 21. Juni 1990 zu einem neuen schweren Beben mit katastrophalen Auswirkungen im Norden Irans, im Elbrusgebirge, nicht weit von der zwei Jahre früher erfolgten Katastrophe auf armenischem Gebiet entfernt. Das Erdbeben mit der Stärke 7,7 zerstörte 140 Orte im zerklüfteten Hochland der Provinzen Gilan und Sandschan. Viel Unheil richteten die Felsstürze und Geröllawinen an: Sie verschütteten Siedlungen, Brücken und Straßen. Die Menschenverluste wurden offiziell mit 37000 angegeben; über 100000 wurden verletzt und über 200000 obdachlos. Die dichtbevölkerte Region am Kaspischen Meer galt als »Brotgarten Persiens«. Die weitverbreitete Bauweise der Lehmziegelhäuser erhöhte die Gefahr; so wurden viele Bewohner von den einstürzenden Wänden erschlagen.

Die iranische Regierung nahm die ausländische Hilfe an, die von allen Seiten nach Teheran strömte. Die Helfer allerdings wurden kaum ins Katastrophengebiet gelassen, denn der *Rote Halbmond* organisierte selbst Bergungsarbeiten und Katastrophenhilfe. Die geistliche Führung des Landes bezeichnete die Katastrophe als eine von Allah verhängte Prüfung.

Afghanistan – Pakistan – Indien

Afghanistan. Dieses Land erlebte Anfang Februar 1991 gleich zwei Naturkatastrophen: Durch extreme Schnee- und Regenfälle waren weite Bereiche des Grenzgebietes zum Iran überschwemmt; in beiden Ländern wurden dadurch zahlreiche Menschen obdachlos. Zur gleichen Zeit ereignete sich ein schweres Erdbeben mit der Stärke 6,8. Es erschütterte Ostafghanistan, Nordpakistan und Nordindien. Hindukusch und Vorhimalaja waren betroffen, das Epizentrum lag nordwestlich von Peshawar auf afghanischem Gebiet. Man zählte 2000 Tote. Die Gebirgstäler waren wegen der heftigen Schneefälle kaum zugänglich.

Pakistan. Pakistan hatte am 31. Mai 1935 ein sehr schweres Erdbeben bei Quetta heimgesucht, mit einer Magnitude von 7,5. 60000 Menschen wurden getötet und die Stadt Quetta nahezu vollständig zerstört.

Indien. Assam erlebte 1897 ein verheerendes Beben (M = 8,7), das erstmals von den neu eingerichteten seismologischen Stationen in großer Entfernung aufgezeichnet werden konnte. Dabei erfolgten in diesem indischen Bundesstaat, mit seinen großen Höhenunterschieden vom Brahmaputra zum Himalaja, auch gewaltige Vertikalverschiebungen an der Erdoberfläche.

1950 gab es ein vergleichbares Beben weiter nordöstlich am Südrand des Himalaja (M = 8,7). Verbunden mit der sehr langen räumlichen Erstreckung des Bebens waren zahllose Bergstürze und Hangrutschungen. Es gab über 1500 Tote.

China

Hier wurden Erdbeben schon seit sehr langer Zeit aufgezeichnet. Doch diese bis weit in vorchristliche Jahrhunderte zurückreichende Beschreibungen können auch keine exakten Erdbebenvoraussagen liefern.

1556 gab es in der Provinz Schensi ein Erdbeben mit schlimmen Erdrutschen und unvorstellbar großen Menschenverlusten, angeblich über 800000. 1920 ereignete sich in der nordchinesischen Provinz Kansu ein starkes Beben (M = 8,6), das vor allem durch die Fließbewegungen des Lößbodens viele Menschen verschüttete; die Zahl der Todesopfer wird auf 100000 oder noch viel höher geschätzt. 1927 kam es in Kansu erneut zu einem Erdbeben (M = 7,6) mit ca. 200000 Toten. Ein drittes Beben 1932 (M = 7,6) forderte 70000 Menschenleben.

Am 4. Februar 1975 erregten die Erdstöße in der Provinz Liaoning weltweit Aufsehen, weil die Katastrophe exakt durch Beobachtungen und Messungen vorhergesagt werden konnte, und die Bevölkerung rechtzeitig evakuiert wurde. Die Sachschäden waren sehr hoch, doch die Verluste an Menschenleben dadurch sehr gering.

Das große Katastrophenbeben von Tangschan im Juli 1976 kam dann wieder ganz unvorhergesehen. Es verursachte in diesem Industrie- und Bergbaurevier schwere Schäden und forderte bei einer Stärke von 8,0 eine sehr hohe Zahl von Menschenleben. Entsprechend der chinesischen Informationspolitik wurden nie amtliche Angaben zu den Verlusten veröffentlicht. Die Schätzungen gingen von 250000 bis zu 650000 Toten aus.

Erdbeben und Tsunamis im zirkumpazifischen Raum

Im Zirkumpazifik kommen zu den vernichtenden Wirkungen von Erdstößen meist noch die katastrophalen Erdbebenflutwellen als große Gefährdung hinzu. Die schlimmsten Schäden werden oft nicht von den Erdbeben selbst verursacht, sondern von Tsunamis, den bis zu 30 m hohen Flutwellen, die Stunden später an weit entfernten Küsten Tod und Zerstörung bringen können.

Tsunamis

»Tsunami« kommt aus dem Japanischen und bedeutet »lange Welle im Hafen«. Diese Bezeichnung ist sehr treffend, denn Schiffe auf hoher See merken kaum etwas von den riesigen Wellen, die erst beim Auflaufen auf den flachen Küstenbereich ihre große Zerstörungskraft entfalten.

Diese Erdbebenflutwellen können durch Bewegungen des Meeresbodens in Zusammenhang mit Erdbeben auf Inseln oder auf dem Meeresgrund entstehen. Sie können dabei auch von einer auf die andere Seite über den ganzen Ozean wandern. Weitere Ursachen für diese langperiodischen Schwerewellen des Meeres sind Vulkanexplosionen oder Hangmassen, die ins Meer rutschen.

Von hohen Flutwellen, die von Stürmen verursacht werden, unterscheiden sich Tsunamis durch ihre enormen Geschwindigkeiten: Sie können im tiefen Wasser bis zu 800 km/h erreichen, allerdings sind sie hier nicht besonders hoch. Erst wenn sie an der Küste in flaches Wasser gelangen, verkürzen sich Vorwärtsbewegung und Wellenlänge und die Höhe steigert sich, so daß sie recht langsam, aber extrem hoch am Ufer auflaufen. Die Hauptkämme dieser Flutwellen kommen mit Voranmeldung: Nach mehrmaligem kurzen Ansteigen und Absinken des

Wassers kommt eine sehr intensive Ebbe; das Wasser weicht weit zurück, ehe der Hauptkamm wie eine fast senkrechte Wand sich nähert.

Mit Hilfe des dichten Netzes der internationalen Erdbebenstationen und der Küstenwachen kann durch ständige Beobachtung und Koordinierung frühzeitig davor gewarnt werden. Die Sachwertzerstörungen ändern sich dadurch kaum, doch die von der Flut betroffene Küstenbevölkerung kann in den verbleibenden Stunden oder Minuten landeinwärts flüchten.

Einen ersten namhaften Erfolg verbuchte dieses Vorwarnsystem nach dem Erdbeben in Chile von 1960, als über 10 m hohe Flutwellen über Hawaii hereinbrachen und in Hilo schwere Schäden verursachten. So war die Zahl der Todesopfer aufgrund der bestehenden Fluchtmöglichkeit sehr gering geblieben.

Auch das katastrophale »Karfreitagsbeben von Alaska« am 28. März 1964 mit der Magnitude 8,5 verursachte durch viele Nachbeben sowie durch Erdrutsche, Hebungen, Senkungen und Uferabbrüche eine gewaltige Flutwelle, die sich über den gesamten Pazifik ausbreitete, und in Kalifornien – sogar noch in Hawaii – durch hohe Wasserwände Zerstörungen anrichtete.

Eine schlimme Tsunamikatastrophe ereignete sich 1896 auf der japanischen Insel Hondo (= Honshu). Ein Meeresbeben schuf eine Riesenwelle, die mehr als 25 m über dem Hochwasserstand auf die Küste auflief und ganze Dörfer mit sich riß. Mehr als 10000 Häuser waren damals verschwunden, und 26000 Menschen fielen der Welle zum Opfer. Bei der anschließenden Überquerung des Pazifiks in Richtung Osten erreichte die Riesenwelle die Küste von Hawaii noch mit einer Höhe von 3 m. Auch an der amerikanischen Küste wurde die Welle noch gespürt, ehe sie dort in Richtung Australien und Neuseeland abgelenkt wurde.

1933 entstand, wiederum nach einem Seebeben, eine Tsunamiwelle vor der Küste der japanischen Hondoinsel, die mit einer Höhe von 25 m über die Küste hereinbrach, die Insel weithin verwüstete und für 3000 Menschen den Tod brachte.

Außer durch Schwingungen des Meeresbodens bei Seebeben können Tsunamis auch entstehen, wenn bei Vulkaneruptionen die entleerten unterirdischen Hohlräume einstürzen. So folgten riesige Tsunamis z. B. dem Ausbruch des Krakatau (Indonesien, 1883), wobei auf den Nachbarinseln Zehntausende von den 30 m hohen Flutwellen mitgerissen wurden. Mit Sicherheit hat auch der Calderaeinbruch nach dem Ausbruch des Santorins um 1500 v. Chr. zu Riesenwellen geführt. Großen Anteil an der Katastrophe von Lissabon 1755 hatten Tsunamis, und auch das große Beben in der Straße von Messina 1908 wurde von einer über 10 m hohen Flutwelle begleitet.

Japan

Japan leidet wegen seiner Insellage ganz besonders unter solchen Tsunamis, worauf schon die japanische Bezeichnung »lange Welle im Hafen« für dieses katastrophale Naturereignis hinweist. Japan ist zudem das Land mit der größten Erdbebenhäufigkeit. Seitdem neuzeitliche Meßmethoden für Erderschütterungen eingesetzt werden, hat Japan viele schwere Beben erlebt: 1891 (M = 8,4, über 7000 Tote); 1896 (M = 7,6, über 27000 Tote); 1923 (M = 8,3, über 142000 Tote); 1927 (M = 7,9, über 3000 Tote); 1933 (M = 8,9, über 3000 Tote); 1943 (M = 7,4, über 1000 Tote); 1944 (M = 8,3, über 1000 Tote); 1945 (M = 7,1, über 2000 Tote); 1946 (M = 8,4; über 1300 Tote); 1948 (M = 7,3, über 3900 Tote); 1952 (M = 8,6, nur 28 Tote, weil das Epizentrum vor der Küste lag); 1964 (M = 7,5, nur 25 Tote, Epizentrum vor der Küste); 1978 (M = 7,7, 22 Tote); 1983 (M = 7,7, 100 Tote).

Die Beben ereigneten sich meistens auf der Hauptinsel Hondo entlang einer Plattengrenze zwischen den Präfekturen Chiba und Ibaraki, in relativer Nähe zum Verdichtungsraum Tokio und Yokohama. Bei diesen häufigen Erdbeben mit all ihrer zerstörerischen Wirkung auf die Umwelt setzen auch Lernprozesse ein. Aus den Schäden und Verlusten können Fehler erkannt und im Blick auf künftige Katastrophenfälle vermieden werden, wie es sich in Japan anhand der stark zurückgegangenen Menschenverluste zeigen läßt.

Das schwere Beben auf der Insel Hondo vom 1. September 1923 südlich von Tokio mit der unglaublichen Zahl von 142000 Toten – wegen der größten Schäden im Distrikt Kanto das »Kantobeben« genannt – hatte dreierlei katastrophale Schadensursachen: Durch die Zerstörung von Häusern bei den Erdstößen selbst kamen weit weniger Menschen um als durch den folgenden, tagelang wütenden großflächigen Brand, der weite Bereiche von Tokio und Yokohama in Schutt und Asche legte. Wie 17 Jahre zuvor in San Franzisko waren durch das Erdbeben die Wasserleitungen zerstört worden, so daß die ersten Brände nicht gelöscht werden konnten. Die aus leicht entzündbarem Material errichteten Häuser brannten lichterloh. Straßen wurden von den Flammen übersprungen. Die Panik der Bevölkerung und das Chaos verschlimmerten die Ausgangssituation des Erdbebens, das durch Verschiebungen des Meeresbodens auch von Tsunamis als dritter Heimsuchung begleitet wurde.

Basierend auf den Erfahrungen aus dieser Katastrophe, wurden in Japan sehr strenge Bauvorschriften erlassen. 1985 gab es bei einem Beben mit der Magnitude 6,2 in Tokio zwar ein Verkehrschaos, weil alle Hochgeschwindigkeitszüge, U-Bahnen und auch Aufzüge in den schwankenden Hochhäusern automatisch gestoppt wurden. Doch außer einigen Verletzten waren keine Opfer zu beklagen sowie keine gravierenden Gebäudeschäden aufgetreten. Die Wolkenkratzer in Tokio sind Spezialkonstruktionen aus Stahlbeton. Sie können größere Erdstöße ohne Schäden aushalten; sie schwanken zwar, aber stürzen nicht zusammen.

Im Beben von Niigata, nördlich von Tokio an der Westküste der Hauptinsel, am 16. Juni 1964 zeigte sich, daß nicht nur die Bauausführung der Häuser, sondern ebenso die Beschaffenheit des Baugrundes von herausragender Wichtigkeit für das Ausmaß der Erdbebenschäden ist. Bei diesem schweren Erdbeben von Niigata mit der Magnitude 7,5 waren nur 25 Tote bzw. Vermißte bei einer Einwohnerzahl von über 300000 zu beklagen. Doch die Sachschäden mit 800 Millionen US$ waren sehr hoch. Die modernen Stahlbetongebäude hatten teilweise große Schäden durch Baugrundveränderungen aufzuweisen, denn durch die langdauernde Bodenerschütterung hatte der feinsandige Untergrund der Häuser zu fließen begonnen und war teilweise seitlich neben den Gebäuden herausgepreßt worden, so daß die Häuserblöcke zwar intakt blieben, aber stark geneigt oder sogar gekippt standen. Außerhalb des Setzungsbereiches war es kaum zu Gebäudeschäden gekommen. Das Beben zerstörte auch noch Ver- und Entsorgungsleitungen, und Tanks einer Erdölraffinerie brannten aus. Es schien, als hätten sich die japanischen Vorsorgemaßnahmen gegen Erdbeben (Bauvorschriften, Frühwarnung vor Tsunamis) bewährt, als hätte man gelernt, mit der Erdbebengefahr zu leben.

Im Juli 1993 ereignete sich 70 km vor der Westküste der japanischen Insel Hokkaido ein schweres Beben (Magnitude 7,8 nach Richter), das in 15 Hafenstädten große Schäden durch hohe Tsunamiwellen anrichtete. Über 60 Menschen kamen um, vor allem Fischer, die nach ihren Booten schauten, als die Erdstöße vorüber waren und dabei von den bis zu 8 m hohen Tsunamis überrascht wurden. Die offizielle Tsunamiwarnung sofort nach dem Beben war zu spät für sie gekommen, denn die vor allem betroffene Insel Okushiri lag nur wenige Kilometer vom Epizentrum entfernt.

Das Erdbeben vom 17. Januar 1995 (Magnitude 7,2 nach Richter, Momentmagnitude 6,9) verursachte in der dichtbevölkerten Industrieregion um Kobe und Osaka schwerste Schäden. Über 5000 Menschen verloren ihr Leben, über 300000 wurden obdachlos. Für erdbebensicher gehaltene Eisenbahnhochtrassen und Stelzenstraßen brachen in sich zusammen, und tagelang wütende Feuer konnten nicht gelöscht werden. Wie die Erde wurde auch das Vertrauen in die staatliche Erdbebenvorsorge und Katastrophenbewältigung erschüttert: durch offizielle Hilflosigkeit und fehlende Koordination.

USA: Kalifornien

Richtungsweisend für die Auseinandersetzungen mit Erdbeben wurden die Erfahrungen in Kalifornien. Bereits die spanischen Missionsstationen hatten sich mit diesem Naturrisiko auseinandersetzen müssen, doch erst nach der Katastrophe von San Franzisko 1906 begann die »Neuzeit« in der Erdbebenforschung und -vorsorge.

Nach dem Beben von 1971, dessen Epizentrum bei Sylmar, ca. 25 km von Northridge entfernt lag, wurde das gesamte San-Fernando-Tal genau untersucht. Die Geologen fanden dabei zahlreiche Verwerfungen, an denen sich vor kürzerer oder längerer Zeit Erdbeben ereignet haben mußten.

Das Erdbeben von 1971 war ausschlaggebend für das kalifornische Gesetz mit den strengsten Vorschriften für erdbebensicheres Bauen. Doch trotz dieses »Universal Building Code« wurden 1994 über 4000 Gebäude stark beschädigt oder zerstört, darunter zahlreiche Schulen, Krankenhäuser und Feuerwachen.

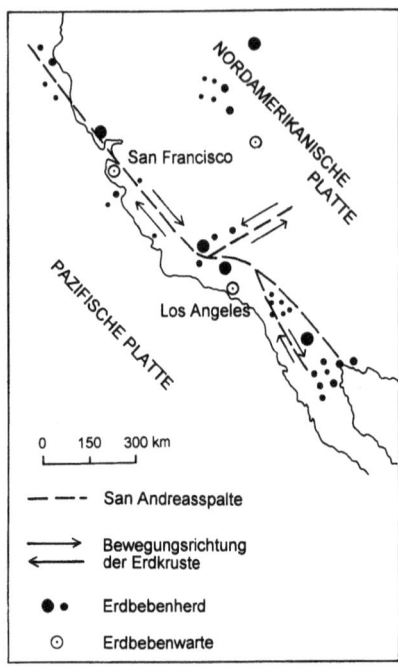

Abb. 27. Plattengrenzen in Kalifornien.

Die Schutzvorschriften, so bewies dieses Erdbeben, sind nur für die durchschnittlich zu erwartenden Beschleunigungen ausgelegt. Es gibt kein absolut erdbebensicheres Bauen, einen wirklich sicheren Schutz gewährt nur der Bunkerbau.

Nach dem schweren Erdbeben von San Franzisko 1906 mit dem anschließenden katastrophalen Feuer, dem 25000 Häuser zum Opfer fielen, entwickelte der Geophysiker Charles Reid 1910 die heute noch gültige Vorstellung, daß Erdbeben in Kalifornien durch vorübergehend gehemmte Bewegungen der Erdkruste entlang von Verwerfungen wie dem San-Andreas-Graben entstehen. Solange die Plattenränder ungehindert aneinander »vorbeikriechen« können, besteht keine Gefahr. Erst wenn sich die Ränder der Verwerfung ineinander verhaken und

Spannungen sich anhäufen, kommt es zur gewaltsamen Lösung der Spannung in einem Ruck. Man nahm an, daß alle Beben in Kalifornien nach diesem »Modell der Scherbrüche« verlaufen würden. Doch mit dem Anwachsen des Beobachtungsmaterials und durch Kontrolle der zahllosen Mikrobeben zeigte sich, daß die nach dem Beben von 1906 als Verursacher erkannte San-Andreas-Spalte nicht der alleinige Bebenherd in Kalifornien ist. In ihrem südlichen wie in ihrem nördlichen Bereich verästelt sie sich. So verlaufen parallel und schräg zu ihr, sowie von ihr abzweigend, eine ganze Anzahl von Verwerfungen, sogenannte »Faults«, die ebenso an den Verschiebungen der Erdkruste beteiligt sind (Abb. 27). Diese ineinander verzahnte Vielfalt gleicht einem Puzzle. Sie macht die Überwachung schwierig und eine Vorhersage schier unmöglich.

San Franzisko. Das Erdbeben von San Franzisko fand am 18. April 1906 statt, morgens um 5.12 Uhr. Am Abend zuvor hatten die Einwohner in der Oper Enrico Caruso gefeiert.

Manchen nächtlichen Bummlern fielen damals die lauten Tierstimmen auf, doch erst im nachhinein deuteten sie das Geschrei von Pferden, Maultieren, Hunden und Hähnen als mögliche Vorankündigung des Erdbebens.

Die Magnitude des Bebens betrug 8,3. Die Ursache war eine Verschiebung im Bereich der San-Andreas-Verwerfung; horizontale Bodenverschiebungen bis zu 6 m wurden festgestellt. Bei den Erdstößen entstanden direkte Gebäudeschäden, vor allem an Ziegelbauten auf Baugrund, der sich gesetzt hatte. Dagegen hatte die sonst weiter verbreitete Holzrahmenkonstruktion die Erdstöße selbst recht gut überstanden, ebenso wie die erstmals einem Beben ausgesetzte Hochhausbauweise eines

19stöckigen Stahlhochhauses. Die eigentliche Katastrophe für die Stadt entstand sekundär, als nach dem Beben ein Großbrand ausbrach, der in drei Tagen die Innenstadt verwüstete. Der größte Teil der Sachschäden in Höhe von insgesamt 400 Millionen US$ und viele der 700–800 Toten waren diesem Brandinferno zuzuschreiben. Die meisten Wasserleitungen waren durch Erdbebeneinwirkungen, wie Setzungen und Verschiebungen im lockeren Untergrund, gebrochen, so daß es nicht möglich war, die ersten Brände zu löschen, ehe sie zum Flächenbrand wurden. Als Auswirkung dieses Bebens wurden erste Vorschläge für eine stabilere Bauausführung von erdbebengefährdeten Gebäuden gemacht, doch es gab noch keine verbindlichen Bauvorschriften. Es waren noch einige weitere Beben in Kalifornien nötig, ehe gesetzliche Vorschriften für erdbebensicheres Bauen erlassen wurden.

Santa Barbara. Das Beben vom 29. Juni 1925 hatte eine Magnitude von 6,3. Der Bebenherd lag unter dem Meer. Es gab weniger als 20 Tote. Doch die traditionell gemauerten Ziegelgebäude wurden zerstört oder stark beschädigt, Holzrahmenkonstruktionen dagegen kaum. Wichtig wurde dieses Bebenereignis vor allem deswegen, weil die Regierung danach seismologische Untersuchungen in Auftrag gab, und eine Überwachung der kalifornischen Küstenregionen durch seismographische Instrumente in Angriff genommen wurde. Verschiedene Gemeindeverwaltungen erließen nach dem Santa-Barbara-Beben Bauvorschriften mit genauen Angaben zur geforderten seismischen Horizontallast.

Long Beach. Am 10. Mai 1933 ereignete sich hier im Süden von Los Angeles ein Beben. Die Magnitude betrug 6,3. Der Bebenherd wird auf eine Bewegung der Inglewoodverwerfung zurückgeführt. Es gab 100 Tote und 50 Millionen $ Sachschaden. Die meisten Opfer wurden von einstürzenden Ziegelwänden oder anderen herabstürzenden Bauteilen erschlagen, als sie aus den Gebäuden zu fliehen versuchten. Viele Schulen in traditioneller Ziegelbauweise mit Holzdecken brachen zusammen – glücklicherweise waren sie leer. Nach diesem Beben wurde die Bausicherheit von Schulgebäuden zu einem staatlichen Anliegen und gesetzlich geregelt. Jetzt setzte also der Staat Kalifornien für alle Neubauten – ausgenommen Einfamilienhäuser und Farmen – erdbebensichere Bauvorschriften gesetzlich fest; einzelne Gemeinden hatten dies schon acht Jahre zuvor getan.

San-Fernando-Tal. Am 9. Februar 1971 ereignete sich das San-Fernando-Beben morgens um sechs Uhr, mit dem Epizentrum im Norden von Los Angeles, einer sehr geringen Herdtiefe von nur 8,4 km und der Magnitude 6,4. Ursache war hier eine nachweisbare Überschiebung. In Kalifornien bisher üblich und beobachtet waren nur weniger gefährliche Horizontalverschiebungen.

Es zeigte sich, daß gerade die im Fall einer Katastrophe besonders benötigten Einrichtungen, wie z. B. Krankenhäuser, ein wunder Punkt in der Vorsorge waren. Von den insgesamt 58 Toten, die das Beben forderte, kamen 52 beim Einsturz von zwei Krankenhäusern ums Leben. Zwar stammten die meisten zerstörten Hospitalbauten noch aus der Zeit vor 1933, als es noch keine Bauvorschriften für erdbebensicheres Bauen gab, doch auch solche Neubauten erlitten Schäden, bei denen die für Horizontallasten geltenden Vorschriften eingehalten waren. Das ist auf die außerordentlich starken seismischen Erschütterungen infolge der geringen Entfernung zum Bebenherd zurückzuführen, aber auch auf ungünstige Untergrundverhältnisse. Stützenkonstruktionen erwiesen sich als besonders anfällig. Beim Zusammenbruch von

Straßenbauwerken kamen drei Menschen ums Leben, vier starben in ihren Wohnhäusern. Der Sachschaden lag bei 500 Millionen US$.

San-Gabriel-Tal. Im Oktober 1987 richtete ein leichtes Beben mit der Magnitude 6,1, das nur 25 km vom Stadtzentrum von Los Angeles entfernt war, relativ geringe Schäden an. Das Epizentrum des Bebens befand sich bei Montebello nahe der Whittierverwerfung im San-Gabriel-Tal. Die Fachleute waren überrascht, weil sie an der seit 1855 ruhigen Bruchstelle keine Gefahr vermutet hatten. Wie zuvor bei den Erdstößen im San-Fernando-Tal 1971 wiesen die Aufzeichnungen nicht auf eine horizontale Blattverschiebung hin, sondern auf eine Abschiebung, verursacht durch das Abrutschen einer Scholle. Die tagelangen Nachbeben, deren Herde langsam auf das Stadtzentrum zuwanderten, zeigten erneut, wie kompliziert die geologische Struktur unter der Erde Südkaliforniens ist.

Santa Cruz. Das nächste schwere Erdbeben suchte am 17. Oktober 1989 Kalifornien beim Berg Loma Prieta in der Nähe von Santa Cruz heim, ca. 80 km südlich von den dichtesten Bevölkerungskonzentrationen von San Franzisko, Berkeley und Oakland. Ein Gebiet von 400000 Quadratmeilen wurde durch Erdstöße erschüttert. Das Beben mit einer Herdtiefe von 18 km dauerte nur 15 Sekunden. Ein 40 km langes Stück der San-Andreas-Verwerfung verschob sich bis zu 1,8 m horizontal und bis zu 1,2 m vertikal, wobei es keinen an der Oberfläche sichtbaren Riß, sondern eine Serie einzelner Bodenrisse in einer Breite von mehreren Kilometern gab. Entlang den Buchten von Monterey und San Franzisko erfolgten an zahlreichen Stellen Bodenverflüssigungen, wofür vor allem wenig verfestigtes Schwemmland und künstliche Bodenaufschüttungen verantwortlich waren. Erdrutsche an steilen Hängen und künstlichen Straßeneinschnitten blockierten Verkehrswege und erschwerten Bergungs- und Hilfsaktionen. Die gravierendsten und folgenreichsten Schäden trug die Verkehrsinfrastruktur davon.

Bodenverflüssigungen verursachten Einstürze großer Brücken- und Kreuzungsbauten. Die berühmte San-Francisco-Bay-Bridge, eine über 13 km lange, zweistöckige Stahlbrücke aus den 1930er Jahren, ist die wichtigste Verbindung der Halbinsel von San Franzisko zu den Verdichtungsgebieten von Oakland und Berkeley auf der anderen Seite der Bucht. Bei der Erschütterung durch das Beben mit dem weit entfernten Epizentrum bei Loma Prieta lösten sich Segmente aus der oberen Fahrbahn und erschlugen einen Autofahrer auf der unteren Spur. Beim Einsturz des doppelstöckigen Cypress-Flyover-Viaduktes bei Oakland, fast 100 km vom Epizentrum entfernt, kamen 41 Menschen ums Leben. Dieser Viadukt stand auf künstlich aufgeschüttetem Boden; die Stahlbewehrung der in den 1950er Jahren errichteten Säulen war nicht ausreichend. Außer diesen beiden eingestürzten Brückenbauten mußten im Raum von San Franzisko noch mehrere Free- und Highways wegen Brückeneinstürzen und Erdrutschen geschlossen werden.

Die Gebäude, die nach den gültigen Erdbebensicherheitsvorschriften gebaut waren, erwiesen sich als standfest. Die Aufschüttungen im Bereich der San-Francisco-Bay (teils mit dem Schutt des Erdbebens von 1906) zeigten deutlich, wie lebensgefährlich das Bauen hier ist.

Insgesamt kamen bei diesem kurzen, nicht besonders starken Erdbeben mit der Magnitude 7,1 und der großen Entfernung zum Epizentrum 63 Menschen um; 3000 wurden verletzt, 13000 obdachlos. Die hohen materiellen Verluste durch die Schäden, vor allem an der Infrastruktur im Gebiet der San-Francisco-Bay betrugen ca. 7 Milliarden $. Dies ist typisch für die Katastrophenschäden in hochentwickelten, dichtbesiedelten Gebieten. Es gibt nur relativ wenige Tote, doch die Sachwertverluste erreichen enorme Höhen.

Große Gefahren in diesem Gebiet sieht man weniger für die Stadt San Franzisko auf ihrer Halbinsel, die weitgehend aus Felsen besteht, sondern vielmehr für das auf Sand gebaute Oakland oder die auf altem Schlamm stehenden kleineren Orte im Osten der Bucht: San Leandro, Hayward und Fremont.

Yucca-Tal. Am 28. Juni 1992 ereignete sich ein Beben mit der Magnitude 7,4 im Yucca Valley mit dem Epizentrum in Landers, 150 km östlich von Los Angeles. Vor allem entstanden die Sachschäden, als in den Mojavewüstenorten Yucca Valley und Joshua Tree zahlreiche Fertighäuser von ihren Fundamenten rutschten. Risse im Erdboden und Verwerfungen im Asphalt hatten einige Straßen zerstört. Einige Stunden später kam es zu neuen Erdstößen, etwa 45 km nördlich des ersten Bebenherdes, unter dem Big Bear Lake in der Nähe von San Bernardino. Das zweite Beben führte im diesem bergigen Gebiet zu sehr vielen Erdrutschen. Beide Erdbeben hatten sich an verschiedenen Verwerfungen ereignet, möglicherweise hatte das erste das zweite ausgelöst, sozusagen »getriggert«. Am 29. Juni gab es ein drittes Beben, das Kalifornien und Nevada erschütterte.

Los Angeles. Am 17. Januar 1994 wurde der Großraum Los Angeles um 4.31 Uhr morgens von einem Erdbeben mit der Magnitude 6,6 heimgesucht. Nach über zwei Jahrzehnten schlug im San-Fernando-Tal die Erde erneut zu. Das Epizentrum lag bei Northridge, ca. 25 km nördlich der City von Los Angeles. Der Herd war in nur 14 km Tiefe. Zahlreiche Nachbeben der Stärke 3 oder höher folgten. 61 Menschen starben, mehr als 10000 wurden verletzt.

Das San-Fernando-Tal ist ein Konglomerat von fast 20 ineinander übergehenden Gemeinden nördlich von Hollywood. Der Erdbebenherd lag an einer tektonisch vorher nicht auffälligen Stelle mitten im Tal, das zwischen den Bergketten der Santa-Monica-Berge im Süden und der San-Gabriel-Berge im Norden liegt. Die Erdkruste unter Northridge soll dem Druck der beiden Gebirgsketten ausgewichen sein und das Tal in Richtung der San-Gabriel-Berge aufgeschoben haben.

Auf elf Autobahnabschnitten waren Brücken, Kreuzungsbauwerke und Zubringer so beschädigt, daß sie abgerissen werden mußten. Monatelange Verkehrsbehinderungen waren die Folge. Wichtige Leitungen und Aquädukte, die Trinkwasser aus dem Norden in die Sadt brachten, waren beschädigt.

Bei einem Brand in einem Wohnhaus, wie er als Sekundärschaden auf das Beben folgte, wurden Bücher, Filme und Tagebücher des berühmten Seismologen Charles Richter vernichtet, des 1985 verstorbenen Erfinders der Richter-Skala. Seine wissenschaftlichen Aufzeichnungen allerdings waren nicht betroffen; sie werden im »Institute for Technology« in Pasadena aufbewahrt.

Mexiko

In Mexiko sind Erdstöße relativ häufig, und genau wie im Nachbarland Kalifornien ist vor allem die Westküste betroffen. Verursacht werden die Erdbeben im Süden Mexikos durch zwei aufeinander treffende Platten. Die Cocos-Platte bewegt sich auf die amerikanische Platte zu und schiebt sich unter sie (s. Abb. 4). Es kommt zu Subduktionserscheinungen, die sich in Erdstößen an der mexikanischen Pazifikküste zeigen, wie in den Jahren 1911, 1937, 1941, 1943, 1957 und 1979 geschehen.

Dabei waren, neben den Auswirkungen in der Nähe des pazifischen Herdgebietes, immer auch Fernwirkungen auf die – je nach Epizentrum 360 bis knapp 500 km entfernte – Hauptstadt Mexico City festzustellen.

Das Beben am 19. September 1985, dessen Epizentrum zwischen den mexikanischen Bundesstaaten Michoacan und Guerrero lag, hatte eine Herdtiefe von ca. 20 km und eine Magnitude von 7,9. In Mexiko Stadt, 360 km vom Epizentrum entfernt, traten in einem 50 km^2 großen Gebiet katastrophale Schäden vor allem an modernen, für erdbebensicher gehaltenen Stahlskelettbauten auf. Über 300 zumeist hohe Gebäude mit über 20 Stockwerken wurden beschädigt, besonders in den obersten Geschossen, oder gänzlich zerstört. Offizielle Angaben gingen von 10000 Todesopfern aus, die von den Trümmern erschlagen oder verschüttet wurden; inoffizielle Schätzungen rechneten mit sehr viel höheren Menschenverlusten. Die Zahl der Verletzten wurde mit 50000 angegeben, die Sachschäden sollen ca. 4 Milliarden US$ betragen haben.

Bei diesem Beben wurden die bereits früher beobachteten Auswirkungen weit entfernter Subduktionsbeben auf einen bestimmten Stadtteil der Hauptstadt ganz außerordentlich gesteigert. Von der gesamten, ca. 1000 Quadratkilometer großen Stadtfläche waren nur wenige Quadratkilometer von den katastrophalen Schäden betroffen, nämlich nur das Baugebiet auf den Tonsedimenten des ehemaligen Texcocosees, während die umgebenden Hügelketten größtenteils ohne Beschädigung blieben. Hier ergänzten sich einige fatale Effekte, denn zur Schwäche des Untergrundes traten die Eigenschwingungen der hohen Gebäude, die die gleiche Frequenz hatten wie die durch die weite Entfernung zum Epizentrum selektierten Wellen, und sich so »aufschaukelten«. Die außergewöhnlich lange Wirkungsdauer dieser zerstörerischen Kräfte von ca. 3 Minuten sorgte für unvorstellbare Zerstörungen. Die neuen Stahlskelettbauten – meist ohne steifen Betonkern – stürzten zusammen, während ältere Gebäude dicht daneben kaum Beschädigungen zeigten. Für das erdbebensichere Bauen bedeutet das, daß in Zukunft vor Baubeginn die Eigenschwingung des Bodens ermittelt und berücksichtigt werden muß.

Mittel- und Südamerika und die Karibik

Auf knappem Raum treffen hier vier verschiedene Platten aufeinander: Erdbeben und auch Vulkanausbrüche werden durch Bewegungen der nord- und südamerikanischen, Karibik-, Cocos- und Nazca-Platte verursacht (s. Abb. 4). So sind die mittelamerikanischen Staaten Guatemala, El Salvador, Honduras, Nicaragua, Costa Rica und Panama, ebenso wie die Karibischen Inseln und der Norden Südamerikas mit Venezuela und Kolumbien, den gleichen Gefährdungen ausgesetzt.

Am Nord- und Südrand der karibischen Platte gleitet – vergleichbar der Situation in Kalifornien – die amerikanische Platte entlang. Der Bogen der Karibischen Inseln und die an ihnen entlang verlaufenden Tiefseegräben kennzeichnen den Nord- und Ostrand der karibischen Platte. Die östliche Hälfte der Karibischen Inseln, die Kleinen Antillen, zeigen eine außerordentlich intensive vulkanische Tätigkeit, ein Zeichen für das Untertauchen der hier schmalen amerikanischen Platte unter die karibische. Die Tiefe der Erdbebenherde – auch ein typisches Zeichen der Subduktion – nimmt von Ost nach West zu.

Im Norden (nordöstlich von Puerto Rico) geht die Subduktion in einen horizontalen Verschiebungsprozeß über; die nordamerikanische Platte verschiebt sich gegenüber der als unbeweglich geltenden karibischen Platte nach Westen, wobei es sogar zum Auseinanderdriften kommt, wie die Tiefseegräben beweisen (Puerto-Rico-

Graben und Caymangraben mit über 7000 bzw. 9000 m Tiefe). Die Plattengrenzen ziehen sich zwischen Hispaniola (karibische Platte) und Kuba (nordamerikanische Platte) über den Caymantiefseegraben in den Golf von Honduras, und in Gestalt von zwei tiefen Flußtälern durch ganz Guatemala, bis hin zur mittelamerikanischen Vulkankette als dem Westrand der karibischen Platte.

Im Westen, wo die karibische mit der Cocos-Platte zusammenstößt, herrschen wieder Abtauchzonen vor: Die Cocos-Platte wird nach Nordosten gedrückt; sie taucht im Norden unter die nordamerikanische, im Süden unter die karibische Platte. Die Randzone zwischen den Platten zeigt eine sehr starke Erdbeben- und Vulkantätigkeit.

Die Bewegung der südlich anschließenden Nazca-Platte geht direkt nach Osten, sie trifft frontal auf die südamerikanische. Im Norden streift sie südlich von Panama an der karibischen Platte entlang.

Sehr viel undurchsichtiger ist die Situation am Südrand der karibischen Platte, wo sie an die südamerikanische Platte stößt, die sich nach Nordwesten bewegt. Es gibt hier keine exakte Plattengrenze, sondern eine breite Deformationszone, die in einzelne, gegeneinander gerichtete Blöcke zerfällt.

Durch die engen tektonischen Kontakte der karibischen zu den anderen Platten häufen sich an ihren Rändern Naturereignisse mit katastrophalen Folgen.

Weil sich hier Wirtschaft und Bevölkerung jeweils nur in einer großen Hauptstadt zusammenballen, kann sich die Katastrophengefährdung in Mittel- und Südamerika und der Karibik so ungünstig auswirken. Das Risiko erscheint hier viel konzentrierter.

Für die wichtigsten Städte dieses Raumes erhöht sich das Erdbebenrisiko wegen des gefährlichen Untergrundes, auf dem immer mehr Wohn- und Industriebebauung entstanden ist. Nur auf stabilem felsigen Untergrund ist erdbebensicheres Bauen möglich, denn Schwemmland an Flüssen und Küsten, Sedimente und vor allem künstliche Aufschüttungen reagieren bei seismischen Erschütterungen mit gefährlichen Resonanzeffekten, Setzungen oder Verschiebungen. Bei sandigem Baugrund und hohem Grundwasserstand kann Bodenverflüssigung auftreten; und die Gebäude versinken bei Erschütterungen darin wie in Schlamm. Gefährliche Auswirkungen zeigen Erdbeben auch durch langperiodische Oberflächenwellen, die für weit vom Epizentrum entfernte Hochhäuser in Stahlskelettbauweise gefährlich werden können, während niedrige Häuser unbeschädigt bleiben, wie es in Mexico City 1985 geschah. Außerdem stellen von Beben verursachte Erdrutsche eine weitere Gefahr dar, denn gerade die von Flüssen mit hoher Wasserführung geschaffenen steilen Seitenhänge werden leicht zum Abrutschen veranlaßt; trotzdem sind sie immer mehr zu bevorzugten Baugebieten geworden. Erdrutsche können Flußläufe blockieren und aufstauen; die nachfolgenden Durchbrüche verwüsten flußabwärts gelegene Gebiete.

Seit dem 16. Jahrhundert sind in Zentralamerika und der Karibik Naturereignisse mit katastrophalen Folgen überliefert. Ein Vergleich mit dem heutigen Geschehen ist jedoch schwierig, weil keine objektiven Beobachtungen vorliegen. Die Bevölkerungsdichte war viel geringer, so daß nur die Katastrophen in den früheren Zentren schriftlich belegt sind; wenig erschlossene Landesteile blieben unberücksichtigt. Aber für die erst ab dem 20. Jahrhundert vorliegenden, objektiven instrumentellen Daten sind die historischen Berichte eine wichtige Ergänzung zur statistischen Ermittlung von Wiederholungsperioden und zur besseren Einschätzung der Risiken.

Nach der Statistik kommen pro Jahrhundert ca. 15 große Naturkatastrophen im Bereich der karibischen Platte und ihrer Grenzen vor. Angesichts des gewaltigen

Wachstums von Bevölkerung und Wirtschaft steigt hier die Wahrscheinlichkeit katastrophaler Folgen, auch wenn die sie auslösenden Naturgeschehen an sich nicht häufiger oder stärker werden. Von den schwersten Erdbeben in diesem Raum wurden in den letzten Jahrzehnten Nicaragua und Guatemala heimgesucht.

Nicaragua. Dieser mittelamerikanische Staat hat nachweisbar seit dem 17. Jahrhundert schwere Zerstörungen durch Erdbeben erlebt, so 1609, 1648, 1663, 1772, 1844, 1881, 1885, 1898, 1926, 1931 und 1956. Bei dem Erdbeben von 1931 kamen über 1000 Menschen ums Leben. Die katastrophalsten Auswirkungen hatte das Erdbeben vom 23. Dezember 1972 in Managua, das Schäden in Höhe von 800 Millionen US$ verursachte und 7000 Todesopfer forderte. Das entsprach etwa 2 % der Einwohnerzahl. Nach vielen kleinen Vorbeben erreichten die Erdstöße am Tag vor Weihnachten die Magnitude 6,2. Die Herdtiefe betrug nur 5 km, so daß die Zerstörungen im gesamten Stadtgebiet verteilt, jedoch besonders schwer im alten Stadtzentrum waren. Die Bausubstanz des Zentrums auf geologisch ungünstigem Grund wurde so schwer getroffen, daß fast alle Gebäude abgerissen werden mußten. Das Geschäftsleben verlagerte sich in die bisherigen Randzonen Managuas.

Guatemala. Guatemala hatte schon 1541 und 1773 nach katastrophalen Naturereignissen seine Hauptstadt an anderer Stelle wiederaufbauen müssen: 1541 wurde die Stadt durch eine Schlammlawine des Vulkans Agua zerstört; 1773 wurde »Antigua Guatemala« durch Erdbeben verschüttet und nach Guatemala City verlagert. Im Jahre 1859 war ein schlimmes Erdbeben im Pazifik mit Vulkanausbrüchen und Flutwellen verbunden. 1902 wurde die zweitgrößte Stadt, Quezaltenango,

Abb. 28. Die Motaguaverwerfung zieht sich quer durch Guatemala, mit Schadensgebiet 1976.

durch Erdbeben völlig zerstört und 1917/18 gab es schwere Schäden und viele Tote in Guatemala City im Verlauf einer Bebenserie.

Entlang der Motaguaverwerfung, die sich als Plattengrenze parallel zum 15. Breitengrad quer durch das Land zieht, nur 30 km nördlich von Guatemala City, entstanden immer wieder zerstörerische Beben (Abb. 28). Dabei sind lange Nachbebenphasen mit neuen heftigen

Abb. 29. Versetzte Straße als Dokumentation der horizontalen Verschiebung an der Plattengrenze in Guatemala.

Erdstößen typisch. Die stärksten Beben treten allerdings vor der Pazifikküste auf, wo die karibische und die Cocos-Platte aufeinandertreffen. Die Herde sind hier recht oberflächennah; Magnituden von 8,3 wurden 1902 und 1942 erreicht. Diese Beben sind durch ihre langperiodische Oberflächenwellen über große Entfernungen hin besonders für Stahlskeletthochhäuser in Guatemala City gefährlich. Im Küstenbereich sind Tsunamis und Bodenverflüssigungen eine zusätzliche Gefahr.

Am 4. Februar 1976, gegen drei Uhr morgens, bebte die Erde im gesamten Kerngebiet Guatemalas, von Puerto Barrios an der Karibikküste bis nach Quezaltenango. Die Magnitude des Bebens betrug 7,6, die Herdtiefe war mit 5–10 km sehr gering; die Herdzone dehnte sich sehr lang aus. Das Epizentrum wurde 150 km nordöstlich von Guatemala City ermittelt, an der Erdoberfläche waren weite Risse zu beobachten. Das Hauptbeben dauerte ca. 20 Sekunden, aber bis Mitte März gab es eine Serie von Nachbeben.

Erst im Verlauf von Tagen wurde das verheerende Ausmaß klar. Ohne Schäden war nur die Pazifikküste geblieben. In dem teils sehr gebirgigen Schadensgebiet von über 9000 km^2 traten in den tiefen Flußtälern viele Erdrutsche auf, die alle Verbindungsstraßen und Eisenbahnlinien zwischen Hauptstadt und Hinterland unterbrachen. Die Zahl der Todesopfer wurde auf 23000 bis 28000 geschätzt; 76000 Menschen wurden verletzt, über 1,5 Millionen – das waren mehr als ein Viertel der Bevölkerung des Landes – waren obdachlos. Die Provinz Chimaltenango westlich der Hauptstadt war am stärksten zerstört. Von knapp 200000 Einwohnern waren 13500 tot und 170000 obdachlos. Für die hohen Menschenverluste waren die schlechte Bauweise der Häuser und Hütten verantwortlich, vor allem aber der Zeitpunkt des Bebens. Die Katastrophe ereignete sich nachts, als alle schliefen. Tagsüber bei der Feldarbeit hätten wohl die meisten das Beben überlebt. Die traditionelle Adobebauweise mit schweren luftgetrockneten Lehmziegeln – ohne jede Erdbebensicherheit – hatte dazu geführt, daß die meisten Opfer im Schlaf von den einstürzenden Wänden und Dächern erschlagen wurden.

Die modernen Stahlbetonbauten in Guatemala City hatten die Erschütterungen meist recht gut überstanden. Die Bevölkerung in den zerstörten Städten und Dörfern konnte wegen der unterbrochenen Verkehrsverbindungen in den ersten Tagen nach dem Beben nur notdürftig mit Lebensmitteln und Medikamenten versorgt werden. Die Schadensschätzungen gingen bis zu 2,2 Milliarden US$, was dem damaligen Bruttosozialprodukt Guatemalas entsprach.

Kolumbien und Bolivien. Im Juni 1994 ereigneten sich mit nur zwei Tagen Zeitdifferenz zwei völlig verschiedene Erdbeben in Südamerika.

Am 6. Juni gab es in Kolumbien am Nevado del Huila, einem 5900 m hohen, scheinbar erloschenen Vulkan in den Anden, ein Erdbeben mit der Magnitude 6,4. Das Epizentrum befand sich im Grenzgebiet der Provinzen Huila, Cauca und Tolima. Durch die Erdbebenwellen direkt wurden keine großen Schäden angerichtet. Groß aber waren die Zerstörungen und die Zahl der Toten durch höchst gefährliche Rutschungserscheinungen. An den Hängen des Vulkans starben über 1000 Menschen, verschüttet und begraben von Erdrutschen und Schlammlawinen. Unvorstellbare Massen von Schlamm rauschten bergab, vergleichbar nur mit den Lahars nach den Vulkanausbrüchen am Pinatubo 1991 oder 1985 in Kolumbien am Nevado del Ruiz.

Das zweite Erdbeben am 8. Juni 1994 ereignete sich 300 km nordöstlich der bolivianischen Hauptstadt La Paz. Dieses Beben erreichte die Magnitude 8,2, war also in dieser Hinsicht das heftigste Beben seit einigen Jahren. Die Erdstöße wurden nicht nur überall in den Anden, sondern sogar noch in 6000 km Entfernung in nordamerikanischen Großstädten verspürt. Sie stellten also einen neuen Rekord in der Fernwirkung auf. Doch trotz der hohen Magnitude richtete dieses Beben keine nennenswerten Schäden an, weil der Erdbebenherd mehr als 600 km tief in der Erde lag.

Intraplattenbeben und Erdbebengefahr in Deutschland

Die großen Bruchlinien der Erdkruste, die tektonischen Plattengrenzen, berühren Mitteleuropa nicht. Deutschland und seine angrenzenden Länder liegen in der Mitte der eurasischen Platte. Doch auch in der Plattenmitte kommen an bestimmten Schwächezonen Intraplattenbeben vor. Beispiele sind das Erdbeben von Newcastle in Australien am 28. Dezember 1989 (Magnitude 5,5; 14 Tote, über 1 Milliarde DM Sachwertverluste) oder das Katastrophenbeben von Tangschan in China 1976, 150 km südöstlich von Peking. Beide Standorte liegen in der Mitte tektonischer Platten. Um ein Intraplattenbeben handelte es sich auch bei dem verheerenden Beben Ende September 1993 im Bundesstaat Maharashtra im Westen Indiens mit einer Magnitude von 6,4 (Richter-Skala), das Tausende von Menschenleben kostete.

Die mitteleuropäischen Beben, die vor allem in den Bereichen der Schwäbischen Alb, des Oberrheingrabens oder der Niederrheinischen Bucht auftreten, gehören zu dieser Kategorie. Sie liegen inmitten einer Kontinentalplatte, die eigentlich tektonisch nicht mehr aktiv sein sollte.

Deutschland

Auf Schwächezonen der Erdkruste in Mitteleuropa verweisen die in Deutschland in den vergangenen 250 Jahren aufgezeichneten Beben mit einer berechneten Magnitude von 3,5 und mehr. Es handelte sich hierbei um insgesamt 160 Flachherdbeben, d. h. der Bebenherd lag nie tiefer als 15 km.

Die Bebenherde konzentrieren sich zum einen entlang des Oberrheingrabens, an dessen Südende im Schweizer Jura das Epizentrum der Baseler Bebenkatastrophe von 1356 lag, des bis dato schwersten mitteleuropäischen Erdbebens.

Auch im Mittelrheingebiet zwischen Mannheim und Koblenz traten gehäuft leichtere Beben auf. Im Raum Köln-Düsseldorf-Aachen verlagert sich die Bebenzone weiter nach Westen.

Die stärksten Erdbeben im 20. Jahrhundert finden sich auf der Schwäbischen Alb, der dritten Schwächezone in Deutschland. Hier ereigneten sich auf sehr engem Raum um Albstadt 1911, 1943 und 1978 relativ schwere Beben mit Magnituden um 5. Die betroffene Gegend um Albstadt galt vor dem Beben von 1911 nicht als erdbebengefährdet; aus dem 17. Jahrhundert sind lediglich Erdbebenschäden bei Tübingen überliefert. Spätmittelalterliche Chroniken aus diesem Raum berichten wohl von den Bebenereignissen bei Verona und Villach 1348, nichts jedoch über Erdbeben in deutschen Landen.

Die Beben auf der Schwäbischen Alb dürfen nicht als herausragende Einzelereignisse gesehen werden, denn sie gehören zu einer Serie von zumeist schwachen Beben im Bereich der Verwerfungszonen, die vom Bodensee über den Hohenzollern- und Fildergraben bis in die Gegend von Stuttgart reichen. Die Brüche Hohenzollern- und Fildergraben sind mit der Heraushebung der Schwäbischen Alb entstanden.

Das letzte dieser schweren Erdbeben auf der Alb ereignete sich am 3. September 1978, einem Sonntagmorgen um 6.08 Uhr, in den Albstadtortsteilen Onstmettingen und Tailfingen. Das Beben mit dem extrem flachen Herd von nur 6,5 km Tiefe beschädigte in der 50000 Einwohner zählenden Stadt insgesamt 800 Häuser, die makroseismischen Schäden gehörten zur Intensitätsstufe VII–VIII auf der MSK-Skala. Die Magnitude nach der Richter-Skala betrug nur 5,1. Die geringe Herdtiefe war für die ausgedehnten Schäden verantwortlich. Der Radius der Erschütterungen erstreckte sich über gut 300 km. Die Schäden an den Gebäuden verteilten sich nach der Nähe zum Bebenherd, nach Bauzustand und -untergrund. Die alten Ortsteile im Talgrund waren durchweg bebenanfälliger, die neueren Siedlungen auf der Jurahochfläche wurden weniger stark betroffen. Die Gebäudeschäden bestanden meist aus Rissen in Mauern und Decken, sowie aus schadhaften Dächern und Kirchtürmen. Das Beben selbst forderte keine Todesopfer oder Schwerverletzte.

Dem Hauptstoß folgten bis zum Januar 1979 zahlreiche Nachbeben. Das stärkste dieser Nachbeben verursachte wenige Stunden nach dem Hauptbeben Personenschäden (15 Verletzte), weil Neugierige durch herabfallende, bereits gelockerte Bauteile getroffen wurden.

Allen drei Schadbeben dieses Gebietes von 1911, 1943 und 1978 waren jeweils eine Reihe leichter Vorbeben vorausgegangen. Doch daraus konnten und können, verglichen mit der Vielzahl von Mikrobeben, keine spezifischen Vorwarnungen auf ein bestimmtes schadenbringendes Ereignis abgeleitet werden. Die Vorhersage von Erdbeben bleibt hier sehr problematisch, wenn nicht unmöglich.

5 Hangbewegungen

Bei unerwarteten, grundlegenden Verschiebungen im politischen Machtgefüge hat sich der Vergleich mit der geologischen Erscheinung des Erdrutsches eingebürgert; Parteien verzeichnen, z. B. bei Wahlen, »erdrutschartige Zugewinne oder Verluste«.

Katastrophenverlauf

Warnschilder an vielen Bergstraßen weisen auf die Gefahr des Steinschlags hin; eine Steigerung der Gefahr bringen Fels- oder gar Bergstürze. Bei Bergstürzen stürzt kein ganzer Berg, sondern nur Schichten seiner Oberfläche. Dabei kann das Aussehen der Landschaft grundlegend verändert und unendlich viel Schaden angerichtet werden. In zumeist wirtschaftlich benachteiligten Berggegenden werden Hänge aufgerissen, sowie Wald und Vegetation vernichtet; im Talgrund wird der wertvolle Ackerboden zugeschüttet. Stürze von Gesteins- und Felsmassen erfolgen im freien Fall oder durch Rollen und Springen. Rutschungen verlaufen auf einer Gleitfläche hangabwärts und bewegen sich oft weit über den Fuß des Hanges hinaus. Bereits kleine Felsstürze oder Rutschungen können einzelne Häuser demolieren, sowie Straßen, Eisenbahnlinien und Versorgungsleitungen unterbrechen und auf diese Weise beträchtliche Schäden verursachen. Große Bergstürze können ausgedehnte Weide- und Akkerflächen zuschütten und ganze Dörfer oder Städte zudecken. Die Gefahr droht von zwei Seiten: Gebäude und Anlagen *am Hang* werden mitgerissen und zerstört; *am Fuß* der Rutschung reißen die abgehenden Fels- und Gesteinsmassen alles kilometerweit mit sich fort oder begraben Siedlungen und landwirtschaftliche Nutzflächen unter sich.

Die vernichtende Wirkung von Hangbewegungen, die sich bis zur Katastrophe ausdehnen kann, ist von der Dichte der Besiedlung abhängig. In abgelegenen, kaum erschlossenen Gebirgstälern, wie beispielsweise im Westen der USA oder Kanadas, werden auch umfangreichere Hangbewegungen wenig Schäden bzw. Aufmerksamkeit hervorrufen.

Gleitungen und Rutschungen verschiedenen Umfangs – vom Steinschlag bis zum Bergsturz – sind hangabwärts gerichtete Massenschwerebewegungen. Verursacht werden sie durch Verschiebungen im Gleichgewicht zwischen den rückhaltenden Kräften der Bodenfestigkeit und den angreifenden Kräften im Hang (Schwerkraft oder Wasserdruck). Hierbei ergänzen und beeinflussen sich verschiedene Faktoren. Der geologische Aufbau (tektonische Schwächezonen, verstärkte Wasserführung) wird als Primärursache gesehen.

Eine weitere Ursache ist oft die zunehmende Steilheit der Hänge. Steile Hänge entstehen zum einen bei Erosion, durch die sich Täler immer stärker eintiefen, und zum anderen bei den noch wachsenden Gebirgen. Vergleichende geodätische Messungen haben nachgewiesen, daß die jungen Faltengebirge an den tektonischen Plattengrenzen (Alpen, Himalaja, Anden) immer noch emporwachsen, die Hänge also zwangsläufig steiler werden.

Hangbewegungen entstehen nicht spontan, sondern nach einer längeren Vorbereitung labiler Situationen, die dann durch einen Auslöser, wie Starkregen oder seismische Erschütterung, zur Katastrophe werden können.

Erdbeben ab makroseismischer Intensität VII bzw. Magnitude 5 nach Richter können je nach Stabilität der Hänge Rutschungen auslösen, genauso wie Erschütterungen durch Vulkanausbrüche. Durch diese endogenen Kräfte bedingte Rutschungen sind am gefährlichsten, weil sie zeitlich und räumlich nicht vorhersehbar sind.

So sind beim Erdbeben von Avezzano in den Abruzzen am 13.1.1915 die größten Schäden und Menschenverluste durch Hangbewegungen entstanden. Das schwere Beben um Murchison auf der Südinsel Neuseelands von 1929, das in der dünnbesiedelten Fluß- und Berglandschaft 17 Todesopfer forderte, ist heute noch an den Folgen der Hangrutschungen (Aufschüttungen im Tal, dünnere Vegetation an den Abrutschhängen) zu erkennen.

Bekannt sind auch die katastrophalen Folgen von Hangrutschungen in Löß, vor allem aus China, wo sich Lößhänge geradezu verflüssigten und Hunderttausende von Toten forderten (1556 Provinz Schensi, 1920 Provinz Kansu). Auch während und nach dem Erdbeben von Alaska 1964, von San Fernando in Kalifornien 1971, im Friaul 1976 und in Süditalien 1980 ereigneten sich Felsstürze und Rutschungen, die die Flüsse absperrten und zu Seen aufstauten. Beim Erdbeben von Guatemala 1976 rutschten in Guatemala City ganze bebaute Hänge ab. Wenn Berghänge ins Meer, in Fjorde oder Stauseen donnern, entstehen gefährliche verderbenbringende Schwallwellen, wie z. B. 1963 in Vaiont, Italien.

Großen Einfluß auf Hangbewegungen hat das Wasser. Besonders nach Starkregen häufen sich massive Hangabgänge, die dann zu Störungen im Verkehrs- und Wirtschaftsablauf oder zu schwerwiegenden Landschaftszerstörungen führen. Muren (= Mischungen aus Gesteinsmaterial und Wasser) treten vor allem im Hochgebirge auf, wenn instabil liegende Schuttmassen entweder mit Niederschlägen oder mit überlaufenden Gletscher- oder Moränenseen zusammentreffen.

Lawinen sind Hangbewegungen von Schnee. Obwohl sie meist für Einzelpersonen, speziell für Skiläufer, Autofahrer oder Wanderer, die mehr oder weniger bewußt das Risiko auf sich nehmen, eine katastrophale Bedeutung bekommen können, gibt es auch ausgesprochen schneereiche »Lawinenwinter«, in denen ganze Siedlungen in den Alpen gefährdet sind. Alpenbewohner haben in jahrhundertelanger Tradition ihre Erfahrungen mit Lawinen gesammelt und wissen, mit der Gefahr zu leben. In Wintersportgebieten wird die Lawinengefahr genau überwacht. Bei entsprechender Lawinenbelastung in einem Gelände werden keine Baugenehmigungen erteilt.

Vorsorge und Vorhersage

Hangrutschungen und Felsstürze als Auswirkung endogener Kräfte lassen sich nicht verhindern. Zur Katastrophenvorsorge kann man, wie bei Erdbeben- und Vulkanismusgefährdung, zurückliegende Ereignisse als Grundlage für zu erwartende Vorfälle auswerten. Man kann Gefahren und Risiken lokalisieren, überwachen und im Vorfeld einer Rutschung rechtzeitig warnen. Wichtige Voraussetzung zur Risikominderung ist die Einschränkung der intensiven menschlichen Eingriffe in die Natur. Entwaldungen, Siedlungen, Straßenbau an Hängen, falsch angelegte Steinbrüche untergraben nämlich die Stabilität von Hängen.

Die Vorhersehbarkeit von Hangbewegungen ist im allgemeinen besser als bei Erdbeben und Vulkanausbrüchen, denn ehe Fels- oder Erdmassen abstürzen oder talwärts gleiten, entwickeln sich labile Situationen über einen längeren Zeitraum und warten auf einen Auslöser, z. B. Erdstöße, Starkregen oder Temperaturgegensätze. Rißbildungen, Spalten und Reißgeräusche von Wurzeln, sowie Steinschläge und kleine Rutschungen gehen großen Hangbewegungen voraus, so daß die Menschen in der Gefahrenzone sich rechtzeitig in Sicherheit bringen oder evakuiert werden können. Drohende Hangbewegungen kann man nicht verhindern, man kann nur versuchen, ihnen zu entkommen. Unerläßlich ist es, die lokale »Vorgeschichte« früherer Hangrutschungen zu kennen, denn sie geben Hinweise auf drohende Gefahren. Auf einem rutschungsgefährdeten Hang oder am Fuß desselben darf es keine Baugenehmigung geben.

Fallbeispiele

Alpen

Stark zertalte Hochgebirge, besonders aber die Alpen mit ihren tiefen Tälern, die bis ins hinterste Hochtal bewirtschaftet und touristisch erschlossen sind, weisen einen besonders hohen Gefährdungsgrad für Hangbewegungen auf. Gewaltige Felsstürze aus historischer Zeit sind hier überliefert. Die Trümmerlandschaften in vielen Hochgebirgstälern zeigen noch heute die Relikte prähistorischer Hangrutschungen. Durch moderne Untersuchungsmethoden (C14-Methode) konnte nachgewiesen werden, daß diese Bergstürze meist nicht als Folge des abgeschmolzenen Eises am Ende der Eiszeit entstanden, sondern jüngeren Datums sind.

Für die labile Lagerung von Hangmassen als Voraussetzung für Rutschungen sind die Steilheit der Hänge und die Erosion verantwortlich. Auslöser sind entweder Erdbeben, Temperaturunterschiede, Starkregen oder abbrechende Gletscher- und Eismassen. Es kann jedoch auch der Mensch beschleunigend oder sogar verursachend eingreifen, durch unsachgemäß angelegte Steinbrüche am Hangfuß oder durch Stauseen zum Beispiel.

Es gab auch früher in den Alpen schon schlimme Bergstürze, was die Zahl der Todesopfer betraf: Bei Arth-Goldau am Rigimassiv starben 1806 bei einem Bergsturz 457 Menschen. 1618 kamen im Bergell in den Schweizer Südalpen ca. 2000 Menschen ums Leben, als ein Bergsturz wahrscheinlich durch einen Seifensteinabbau ausgelöst wurde.

Elm, Schweiz

Der Bergsturz von Elm im Schweizer Kanton Glarus von 1881 wurde durch einen Schieferabbau für Schreibtafeln ausgelöst. Als der Abbau 20 m tief in den Berg hineinreichte und das Gestein langsam anfing aufzureißen, als sich Bodenrisse und kleine Felsstürze zeigten, wurde der Abbau drei Tage vor dem Unglück stillgelegt. Mit einer Serie von Felsstürzen begann an einem Septembersonntag das Bergdrama, das erst durch neugierige Zuschauer zur Katastrophe wurde. Der Hauptsturz wirbelte durch die entstandene Druckwelle die Menschen durch die Luft und erschlug oder verschüttete 115 Personen. Der Schieferbruch und mehr als 80 Gebäude wurden zerstört, der ganze fruchtbare Talboden durch Schuttmassen verwüstet.

Vaiont, Italien

Die Anlage großer Stauseen in engen Hochgebirgstälern kann gefährliche Reaktionen im Gestein auslösen; eindrucksvoll und katastrophal zeigte sich das beim Vaiontstaudamm 1963 in den italienischen Alpen. Nach der

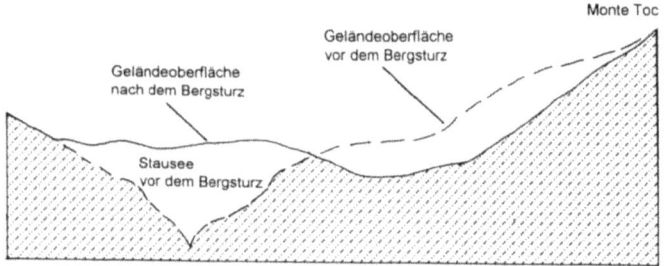

Abb. 30. Bergsturz in den Stausee von Vaiont.

Fertigstellung des Staudammes 1960 zeigten sich Risse oberhalb des Stausees in der Böschung, und auch kleinere Steinschläge waren zu beobachten. So zeichnete sich die Gefahr schon einige Wochen vor dem verhängnisvollen Bergsturz ab, doch eine amtlich durchgeführte Evakuierung erfolgte nicht. Vom fast 2000 m hohen Monte Toc, oberhalb des Südufers des 7 km langen und maximal 300 m breiten Stausees, lösten sich am Abend des 10. Oktober 1963 gewaltige Felsmassen, die in den aufgestauten See stürzten (Abb. 30). Die dabei entstehende unvorstellbar mächtige Schwallwelle, die mehr als 100 m über die Staumauer reichte, schoß ins Piavetal hinab und zerstörte außer der Ortschaft Longarone eine Reihe weiterer Dörfer. Auch aufwärts ins Vaionttal reichten die Verwüstungen. Rund 3000 Menschen mußten das zu lange Abwarten mit dem Leben bezahlen.

Veltlin, Italien

Weit über Italien hinaus sorgte im August 1987 ein gewaltiger Felssturz im Veltlin für Aufsehen. Am 28. Juli hatten sich am 3066 m hohen Pizzo Coppetto mindestens zehn Millionen Kubikmeter Erdmassen gelöst und schossen ins Tal, wo sie wenige Kilometer vor Bormio drei Dörfer unter sich begruben, und an der Gegenseite des

Tales noch 300 m bergan wirbelten. Mindestens 27 Tote forderte dieser Bergsturz, der dem Bergsturz von Elm entsprach.

Wie damals beim Schieferbruch wurde auch im Veltlin eine von Menschen verursachte Naturkatastrophe angenommen. Man führte sie auf das Waldsterben, Abholzen und auf die Vernachlässigung der Schutzwälder zurück. Doch bereits 1961 war im Rahmen einer Dissertation eine Abrißfläche in 2400 m Höhe, weit über der Baumgrenze, kartiert worden. Also waren wohl primär die übersteilten Talhänge im oberen Veltlin die Ursache, und nicht die Waldverwüstung. Das zeigt zugleich, wie lange sich ein solches Naturereignis vorbereitet (hier 26 Jahre), ehe es zum Absturz kommt. Durch die Temperaturwechsel im langen Winter 1986/87 und den regenreichen Sommer 1987, der überall in den Alpen große Probleme schuf, wurde die Hangbewegung sicherlich begünstigt.

Abgesehen von der Furcht vor weiteren Abstürzen an den Bergflanken, erwies sich anschließend die wie eine natürliche, 100 m hohe und 2 km breite Staumauer wirkende Aufschüttung im Tal, die den Fluß Adda aufstaute, als das Hauptproblem dieses Bergsturzes. Mehr als 20.000 Bewohner der Orte aus dem unteren Veltlin Richtung Sondrio, die vom Bruch oder Überlaufen des Dammes bedroht waren, wurden vorübergehend evakuiert. Ende August entschloß man sich nach langem Zuwarten, den neu entstandenen Val-Pola-See durch eine gesteuerte Woge (»L'ondata pilotata«), also durch langsames, kontrolliertes Überfließenlassen, zu entleeren. Die Aktion war erfolgreich, das Wasser floß über vorbereitete Rinnen in das Addaflußbett. Das Veltlin war einer zweiten Katastrophe knapp entronnen.

Nicht nur natürliche und künstliche Stauseen in den Gebirgstälern bringen Probleme. Auch die immer höher hinaufreichende Erschließung der Berge für den Straßenverkehr, für Tourismus und Wintersport, mit Hotelanlagen und Aufstiegshilfen sowie Kahlschlägen für Bergstraßen und Skipisten, erhöhen die Gefahr von Hangbewegungen. So wird das touristisch werbewirksame »Der Berg ruft!« schnell zum makabren »Der Berg kommt!«.

Südamerika

Medellin, Kolumbien

Als die Beinahekatastrophe im Veltlin überstanden war, erregten wenige Wochen später, Ende September 1987, Bilder eines Erdrutsches in Medellin Entsetzen und Mitgefühl. Man wurde an die Katastrophe vom November 1985 in Kolumbien erinnert, als nach einem Vulkanausbruch des Nevado del Ruiz eine unermeßliche Geröll- und Schlammlawine die Stadt Armero und weitere Orte unter sich begraben hatte.

In der an einem steilen Hang erbauten Armensiedlung »Villa Tina« am Rand von Medellin kamen bei diesem Erdrutsch mindestens 120 Menschen um; 300 Häuser wurden zerstört und 1500 Menschen obdachlos. Die ohne Baugenehmigung errichtete Siedlung, mit Hütten aus Abfallholz, Dachpappe, Altreifen und ähnlichem, war angeblich schon 1962 und 1977 von Schlammlawinen heimgesucht worden. Die ca. 100.000 betroffenen Siedler seien gewarnt worden, doch die Behörden waren nicht energisch genug eingeschritten, obwohl Geologen längst auf die Gefahren hingewiesen hatten.

Huascarán, Peru

Besonders katastrophalen Hangrutschungen fiel zweimal in einem Jahrzehnt (1962 und 1970) die kleine Stadt Ranrahirca in den peruanischen Anden am Huascarán (6768 m) zum Opfer. Die durch Auffaltung immer weiter in die Höhe wachsenden Anden weisen besonders steile Böschungen und tiefe Täler auf; die hohen Berge sind mit Gipfelgletschern bedeckt, von denen abbrechende Eismassen als Lawinen ins Tal gehen. Eine solche riesige Eis- und Schneemasse löste sich am 10.1.1962 im Südsommer, riß im Fallen Felsblöcke und Erdmassen mit, und begrub nach 4000 m Höhendifferenz als Mischung aus Lawine und Schlammstrom (auf über 10 Millionen Kubikmeter angewachsen) die Kleinstadt Ranrahirca, die ebenso wie sechs weitere Dörfer ausgelöscht wurde. Als die Schlamm- und Gesteinsmassen zur Ruhe kamen, blockierten sie ein Flußtal und stauten den Fluß auf. Der Durchbruch der Wassermassen durch den natürlichen Damm führte weiter talwärts durch Überflutungen zu weiteren Verwüstungen. Diese Hangbewegung am Huascarán von 1962 forderte insgesamt ca. 4000 Menschenleben.

Am 31.5.1970 wurden die peruanischen Anden von einem oberflächennahen Beben vor der Pazifikküste erschüttert (Magnitude 7,7). An den steilen Berghängen lösten sich gewaltige Erdrutsche ab. Eine Geröll- und Eislawine raste am Huascarán talwärts. Sie deckte die Stadt Yungay mit einer 10 m dicken Schicht von Schlamm und Geröll zu, aus der später nur noch die Spitzen der Kathedrale und einiger Palmen aus der Luft zu erkennen waren. Ein Seitenast des bis zu 2 km breiten Schuttstroms streifte die schon 1962 verwüstete und wiederaufgebaute Ortschaft Ranrahirca und zerstörte sie erneut. Ein großer Teil der auf 48.000 geschätzten Todesopfer dieses Erdbebens geht auf diese katastrophalen Hangrutschungen zurück.

Abb. 31. Bergsturz bei Franceses auf der Kanareninsel La Palma.

Schweden: Tuve

Doch nicht nur ungenehmigte Armensiedlungen in Südamerika sind durch Hangbewegungen zerstört worden, auch im wohlhabenden Schweden hat es am 30. November 1977 in Tuve, einem Inselvorort der Küstenstadt Göteborg, eine Erdrutschkatastrophe gegeben. 67 neue Häuser fielen ihr zum Opfer, 30 weitere wurden baufällig. Es gab neun Tote und 73 Verletzte. Der Baugrund aus Flottlehm oder Quickton – die Namen sind bezeichnend – war auf einer Fläche von 27 ha über den Felsenuntergrund hinweggerutscht. Die Haftung für die Planungsfehler bei der Baugenehmigungserteilung übernahm der Regierungsbezirk, weil sich die Baubehörde nicht über die Gefährlichkeit des Baugrundes informiert hatte.

Kanarische Inseln: La Palma

Im Norden La Palmas, der westlichsten und ihrer vulkanischen Entstehung nach jüngsten Insel der Kanaren, wurde die neue Hauptstraße kurz nach ihrer Fertigstellung durch einen massiven Bergsturz verschüttet (Abb. 31). Die Erdbewegungen waren so gewaltig, daß die unter Geröllmassen verschwundene Straßenstrecke aufgegeben werden mußte, und durch eine Untertunnelung eine neue Trasse geschaffen werden soll.

6 Stürme

Nach der Schadenshäufigkeit und der Gesamtfläche der von ihnen betroffenen Räume sind für Versicherungen Stürme die »bedeutendste Elementargefahr«. In den drei Jahrzehnten zwischen 1960 und 1989 wurde die Hälfte von 114 aufgelisteten großen Naturkatastrophenschäden von Stürmen verursacht, nur 30 % von Erdbeben und 10 % von Überschwemmungen. Die restlichen 10 % verteilen sich auf Vulkanausbrüche, Dürren und Waldbrände (Münchener Rückversicherungsgesellschaft 1990).

Durch die Besiedlung von ehemals menschenleeren Sturmzugsgebieten haben sich die Wirbelsturmschäden enorm vergrößert. Die mit Sturmereignissen zusammen auftretenden Sturmfluten mit Überschwemmungen fordern meist auch eine hohe Zahl von Menschenleben, wie z. B. in Bangladesch 1970 und 1991.

Wirbelstürme und Windstärken

Bei Wirbelstürmen addieren sich die negativen Auswirkungen: Hohe Windgeschwindigkeiten belasten Gebäude und Anlagen, besonders Brücken; durch den Wind verstärkt sich der Seegang, so daß eine zerstörerische Flutwelle entstehen kann; die sehr oft mit Wirbelstürmen

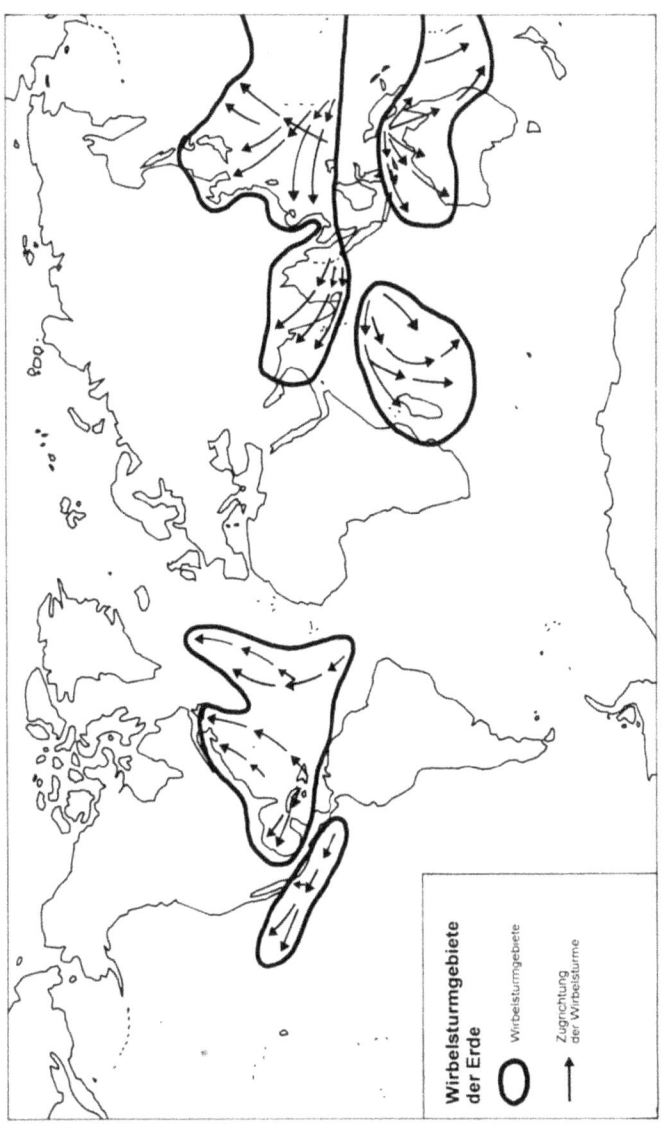

Abb. 32. Wirbelsturmgebiete der Erde. Die Pfeile geben die Zugrichtung der Wirbelstürme an.

verbundenen starken Niederschläge verursachen auf dem Land große Überschwemmungen; Turbulenzen (Windböen) zerren an Bauwerken; der im Zentrum des Wirbelsturmes herrschende sehr niedrige Luftdruck schafft im Innern geschlossener Gebäude einen Überdruck, was bei gleichzeitig wirkender hoher Windgeschwindigkeit doppelt belastend ist.

Wirbelstürme entstehen am häufigsten im Tropengürtel über dem Meer und folgen dann mit einigen Abweichungen bestimmten »Zugstraßen«. Über dem Festland der gemäßigten Breiten sind Orkane oder Sturmtiefs seltener. Dort treten sie erst bei besonderen Wetterlagen mit extremen Luftdruckdifferenzen auf (Abb. 32). Während außertropische Zyklone (= Tiefdruckgebiete in gemäßigten Breiten mit hohen Windgeschwindigkeiten) einen Durchmesser von 500–2000 km haben, sind die tropischen Wirbelstürme geringer im Ausmaß; ihr Durchmesser beträgt ca. 200–500 km. Vor allem erwärmte Meeresflächen sind für die Entstehung von Zyklonen sehr wichtig. Tropische Wirbelstürme bewegen sich relativ langsam vorwärts, deshalb bleibt Zeit für Hurrikanwarnungen. Dagegen können die außertropischen Winterstürme Tagesstrecken von 1000–2000 km zurücklegen.

Am schwierigsten zu erfassen sind die gefürchteten Tornados, die urplötzlich auftreten und unvorstellbaren Schaden anrichten können. Wegen ihres geringen Durchmessers von maximal 1 km entziehen sie sich der systematischen Beobachtung; sie sind nicht meteorologisch greifbar. Ihre Folgen sind eindeutig, doch ihre Entstehung ist noch nicht restlos geklärt. Unbestritten ist die jahreszeitliche Häufung aller Arten von Wirbelstürmen.

Die Windstärke wird entsprechend der Windwirkung auf dem Festland oder dem Meer und dem Windtyp nach der ursprünglich 12stufigen, später auf 18 Stufen

Tabelle 2. Windstärkenskala nach Beaufort. (Nach Münchener Rückversicherungsgesellschaft 1988)

Bft[a]	Bezeichnung	Mittlere Geschwindigkeit in 10 m Höhe				Winddruck
		m/s	km/h	Meile/h	Knoten	kg/m^2
0	Windstille	0–0,2	0–1	0–1	0–1	0
1	Leiser Zug	0,3–1,5	1–5	1–3	1–3	0–0,1
2	Leichter Wind	1,6–3,3	6–11	4–7	4–6	0,2–0,6
3	Schwacher Wind	3,4–5,4	12–19	8–12	7–10	0,7–1,8
4	Mäßiger Wind	5,5–7,9	20–28	13–18	11–15	1,9–3,9
5	Frischer Wind	8,0–10,7	29–38	19–24	16–21	4,0–7,2
6	Starker Wind	10,8–13,8	39–49	25–31	22–27	7,3–11,9
7	Steifer Wind	13,9–17,1	50–61	32–38	28–33	12,0–18,3
8	Stürmischer Wind	17,2–20,7	62–74	39–46	34–40	18,4–26,8
9	Sturm	20,8–24,4	75–88	47–54	41–47	26,9–37,3
10	Schwerer Sturm	24,5–28,4	89–102	55–63	48–55	37,4–50,5
11	Orkanartiger Sturm	28,5–32,6	103–117	64–72	56–63	50,6–66,5
12	Orkan	ab 32,7	ab 118	ab 73	ab 64	ab 66,6

[a] Bft: Numerische Angabe der Windstärke nach Beaufort.

erweiterten Skala von Beaufort angegeben: von 0 = Windstille bis zu 12–17 = Orkan. Die in den Windwirkungen resultierende Windgeschwindigkeit kann in extremen Orkanen über 50 m/sec. betragen. Der englische Admiral Beaufort schuf 1806 diese Skala zur Abschätzung der Windstärken und Windgeschwindigkeiten (vgl. Tabelle 2).

Tropische Wirbelstürme

Tropische Wirbelstürme sind rotierende, frontenlose Luftwirbel mit einem Tiefdruck-Warmluft-Kern und extremen Windgeschwindigkeiten im Rotationsring. Sie entstehen, wie schon ihr Name sagt, in den Tropen. Nach den Gebieten, in denen sie entstehen und erscheinen, tragen sie verschiedene Bezeichnungen:

- »Hurrikan« nennt man die vom nördlichen Atlantik kommenden Orkane in Mittel- und Nordamerika;
- »Taifune« heißen sie im Pazifik auf der Nordhalbkugel;
- »Baguios« im Bereich der Philippinen;
- »Mauritiusorkane« vor der Ostküste Afrikas;
- »Bengalenzyklonen« im Golf von Bengalen und
- »Willy-Willies« im tropischen Norden Australiens.

Über dem tropischen Ozean entstehen bei Störungen im Windsystem der Passatzone Luftwirbel, die sich aufgrund der Corioliskraft langsam gegen den Uhrzeigersinn drehen und wie ein Tiefdruckgebiet Luft aus der Umgebung ansaugen. Die herangezogene Luft steigt schnell nach oben, wobei in der Höhe der enthaltene Wasserdampf kondensiert und Energie freisetzt, die sogenannte »latente Wärme«. Dadurch wird die Luft weiter aufgeheizt und zu fortgesetztem Aufsteigen gezwungen, so daß die neu freiwerdende latente Wärme die Rotationsmaschine des Luftwirbels immer stärker antreibt.

In der Nähe der Erdoberfläche bzw. des Meeresspiegels kann der tropische Orkan einen Durchmesser von 1000 km erreichen. In die Höhe erstreckt er sich bis zum Ende der Troposphäre, also ca. 15 km hoch, wobei die Störung mit wachsender Höhe geringer wird. Im äußeren Bereich des Orkans befinden sich weitständige Konvektionswolken, die zu großen Gewitterwolken werden, je näher sie dem Orkanzentrum kommen. Das Zentrum des Wirbels ist der Warmkern mit minimalem Luftdruck, ca. 5–20 km im Radius. Das »Auge des Zyklons« wird es genannt, weil es selbst wolkenlos ist. Im Rotationsring, etwa 100 km vom Kern des Wirbels entfernt, herrschen enorme Windgeschwindigkeiten. Bei Geschwindigkeiten zwischen 50 und 120 km/h spricht man von einem tropischen Sturm, darüber von einem tropischen Wirbelsturm, Orkan, Taifun oder Hurrikan.

Die Luft, die in der Nähe des Warmkerns rasch emporsteigt, bringt starke Niederschläge, die im Binnenland weite Gebiete überschwemmen können. Die starken Windgeschwindigkeiten verursachen außer Zerstörungen an Bauwerken auch hohe Flutwellen an der Küste. Von dem gewaltigen Unterdruck des Wirbels wird das Wasser des Meeres angehoben und durch die Windgeschwindigkeit verstärkt vor dem Wirbel hergeblasen, bis die Flutwelle als meterhohe Wasserwand im flachen Küstenbereich oder in den Mündungsdeltas großer Flüsse verhängnisvolle Auswirkungen hat. Abgesehen von den Zerstörungen an Gebäuden und Anlagen werden die landwirtschaftlichen Nutzflächen durch das Salzwasser geschädigt.

Die tropischen Wirbelstürme entstehen über ruhigen, ausgedehnten Meeresgebieten, die über 27 °C warm sind, bevorzugt im Herbst der jeweiligen Erdhälfte, wenn sich das Wasser durch die sommerliche Sonneneinstrahlung genug erwärmt hat und die innertropische Konvergenz (= ITC = äquatoriale Tiefdruckrinne zwischen den Passatgürteln) wirksam ist. Die innertropische Konvergenzzone verlagert sich im jeweiligen Herbst am weitesten vom Äquator weg: bis zu 15° nach Norden bzw. Süden. Wo kalte Meeresströmungen die Wasseroberflächentemperatur unter 26,5 °C senken, entstehen keine tropischen Wirbelstürme, so im Südatlantik und im Osten des Südpazifiks.

Direkt am Äquator gibt es keine Wirbelstürme, da hier die Corioliskraft als ablenkende Kraft der Erdrotation nicht wirksam ist. Die meisten tropischen Wirbelstürme entstehen zwischen dem 10. und 20. Breitengrad.

Sie ziehen auf einer parabelartigen Bahn westwärts und wenden sich immer stärker polwärts ab. Die »Lebensdauer« dieser warmen Zyklonen beträgt wenige Tage bis maximal zwei Wochen. Wenn sie das warme Meerwasser verlassen und sich über dem Festland bewegen, werden sie sofort schwächer, weil der Energienachschub der warmen Meeresoberfläche fehlt. Auch wirkt die Bodenreibung über Land auf den Wirbel ein. Beide Faktoren führen zur Auffüllung des extrem tiefen Luftdrucks im Zentrum des Wirbels. Aus dem tropischen Wirbelsturm wird so ein Sturmwirbel, der aber immer noch genug Schaden anrichten kann.

Während das dynamische Geschehen des voll entwickelten Wirbelsturms gut bekannt ist, gibt es über seine Anfangsstadien und den Anstoß zur Wirbelbildung immer noch Unklarheiten. Wahrscheinlich stellen kleine Störungen der tropischen Atmosphäre diesen Auslöser dar, die sogenannten »Easterly Waves«, die von Ost nach

West ziehenden »östlichen Wellen«. Rätselhaft bleibt, warum nur aus einer geringen Zahl solcher Störungen tropische Wirbelstürme entstehen, und warum die großen tropischen Quellwolken meist schon in heftigen Gewittern ihre Energie aufbrauchen, ohne zu gefürchteten Zyklonen zu werden.

Jedes Jahr bilden sich über den warmen Ozeanen 60–80 tropische Zyklonen, wobei die meisten Heimsuchungen auf die Nordhalbkugel entfallen. Im Nordwesten des Pazifiks entstehen mit einem Drittel die meisten tropischen Wirbelstürme, mit abnehmender Häufigkeit folgen der nordöstliche Pazifik, der Golf von Bengalen, das Arabische Meer und der nördliche Westatlantik. Auf die Südhalbkugel entfallen nur ca. 25 % aller tropischen Wirbelstürme, die meisten wüten im südlichen Indischen Ozean und im Südpazifik.

Gefährlich sind die tropischen Zyklone auch für die Schiffahrt, denn die haushohen Wellen des Wirbels lassen Schiffe zu Spielbällen werden. Gefährlich ist besonders das wolkenfreie, recht windstille Zentrum des Wirbels, in dem die Wellen aus allen Richtungen zusammenlaufen und als Kreuzsee das Schiff stark beanspruchen. Das Segelschulschiff »Pamir« wurde im September 1957 Opfer eines Hurrikans.

Doch die größten Schäden richtet der tropische Wirbelsturm an, wenn er an Land geht. Die Flutwelle, aus der Anhebung der Wasseroberfläche entstanden und mit kürzeren Windwellen überlagert, wird vor dem Wirbel als meterhohe Wasserwand auf die Küste getrieben. Die folgenden Orkanböen wirbeln Dächer von den Häusern und entwurzeln Bäume oder ganze Wälder. Unglaubliche Wassermassen, Hunderte von Litern pro Quadratmeter, prasseln in wenigen Stunden aus der Wolkenwand.

Die Vorhersage von tropischen Wirbelstürmen ist dank der Auswertung von Satellitenbildern sehr viel sicherer geworden. Auch wenn sich ihre Wege nicht exakt wiederholen, so kann man doch auf der Basis von Routinebeobachtungen zu Früherkennung und Frühwarnung kommen. Eine Frühwarnung ist jedoch nur wirksam, wenn die Kommunikationsmöglichkeiten vorhanden sind, um die betroffene Bevölkerung vor Ort zu erreichen, und die Menschen dort auch reagieren können, wenn es Fluchtmöglichkeiten gibt.

In den USA überwacht ein Netz von Beobachtungsstationen mit Wettersatelliten und Radargeräten die Entwicklung und Zugbahn von tropischen Zyklonen. Die Koordination für den Atlantik befindet sich im »Hurricane Warning Office« in Miami, für den östlichen Pazifik in San Franzisko und für den zentralen Pazifik in Honolulu. Aus den gesammelten Daten über einen nahenden Hurrikan wird eine Warnung an die Bevölkerung ausgegeben mit der Aufforderung, sichere Aufenthaltsorte aufzusuchen und den Küstenbereich sowie wenig stabile Behausungen, wie z. B. Wohnwagen, zu verlassen. Doch immer wieder kommt es vor, daß die Warnungen nicht gehört oder nicht ernst genug genommen werden.

Die Gebiete, die tatsächlich heimgesucht werden, sind nicht exakt vorherzubestimmen, denn die Wirbelstürme sind unberechenbar. Wie eine launische Diva kann ein Hurrikan oder Taifun seine Bewegungsrichtung plötzlich ändern, besonders dann, wenn er in die Nähe des Festlandes kommt. Es sind noch nicht alle Wetterbedingungen erfaßt, die die Zyklonen auf ihrer Bahn beeinflussen.

Hurrikane in Mittel- und Nordamerika und der Karibik

Die Wiege der für die Karibik und den Südosten der USA gefährlichen Hurrikane liegt meist bei den Kapverdischen Inseln im Atlantik, von wo aus die Störungen mit der Passatströmung am Südrand des Azorenhochs in die Karibik ziehen. Hier können sie die ersten Verheerungen anrichten, wie zuletzt »Gordon« im November 1994, dem in Haiti über 500 Menschen zum Opfer fielen. Die meisten Wirbelsturmopfer waren arme Leute, deren Hütten den Flutwellen und Schlammassen nach dem Starkregen nicht standhielten und weggespült wurden. Anschließend wütete »Gordon« in Florida und zerstörte eine aus »Mobilehomes« und Wohnwagen bestehende Siedlung, vorwiegend von Pensionären. Gerade in den Südstaaten der USA zeigt sich immer wieder, wie wenig sturmtauglich diese weitverbreiteten Leichtbaubehausungen sind; danebenstehende konventionelle Steingebäude weisen meist sehr viel geringere Schäden auf. Die Zerstörungen, die tropische Wirbelstürme anrichten, sehen auch deshalb so schlimm aus, weil ihre Zugbahn durchweg auf leichte Hütten und luftige, dem Klima entsprechende Bauwerke treffen, mit weit überstehenden Dächern und auf Stelzen, die dem Sturm gute Angriffsflächen bieten.

Das Einschwenken nach Norden ist typisch für Hurrikane, doch ob sie beispielsweise direkt in Richtung auf die Südstaaten der USA abdrehen oder erst über dem Golf von Mexiko neue Energie tanken, oder ob sie in den nördlichen Bereich des Atlantik ziehen und damit zum außertropischen Sturmtief werden und Richtung Europa wandern, das läßt sich kaum berechnen. Die Zugbahn des Hurrikans verläuft nicht geradlinig. Manche Wirbelstürme schlagen geradezu Haken oder torkeln hin und her. Der erwähnte »Gordon« ging z. B. in einen unkontrollierbaren Schlingerkurs über, drehte über dem Atlantik und kam nach Florida zurück, schwächer zwar, aber immer noch mit Starkregen verbunden.

Die Südstaaten der USA waren schon oft Schauplatz verheerender Wirbelstürme. Nach einer Orkanflut mit hohen Menschenverlusten (6000 Toten) im Jahr 1900 bei Galveston in Texas wurde hier eine 5 km lange und 5,2 m hohe Kaimauer aus Stahlbeton als Schutz gegen die Sturmflutwellen errichtet. Besonders im Mündungsgebiet des Mississippi richteten tropische Wirbelstürme schlimme Verwüstungen an und forderten, ehe das Frühwarnsystem eingeführt wurde, viele Menschenleben: 1856, 1893 und 1915 waren besonders katastrophale Zerstörungen und Menschenverluste hinzunehmen.

Der im Juni 1957 aus dem Golf von Campeche, im Süden des Golfs von Mexiko, kommende Hurrikan »Audrey« wurde genau mit Wetterflugzeugen überwacht. Es erfolgten frühzeitige Flutwarnungen für die Küste im östlichen Texas. Doch trotz der Warnungen waren über 400 Todesopfer zu beklagen, weil die Gefahr nicht ernst genug genommen worden war. Die meist leichten Fertighäuser wurden von ihren Fundamenten gerissen und dienten der Flutwelle, die mit Überschwemmungen bis zu 25 Meilen ins Landesinnere vordrang, als Rammböcke für weitere Zerstörungen. »Audrey« zog als Sturmtief weiter durch das Ohiotal und verursachte noch im Staat New York und im angrenzenden Kanada Schäden.

Der Hurrikan »Camille« vom 17. August 1969 an der Golfküste wurde früh vorhergesagt. Das veranlaßte 150000 Menschen, das Küstengebiet zu verlassen. Trotzdem waren die Schäden des sehr heftigen Wirbelsturms, dessen Front eine Breite von bis zu 120 km erreichte, noch recht beträchtlich. Es gab über 300 Tote und fast 20000 Häuser wurden zerstört oder schwer beschädigt.

Die Spitzengeschwindigkeit der Windböen betrug mehr als 300 km/h.

Der Hurrikan »Gilbert« zog Anfang September 1988 über Puerto Rico, Haiti und die Dominikanische Republik nach Jamaika, wo er die Hauptstadt Kingston verwüstete. Die Karibikinseln waren wegen unterbrochener Telefonverbindungen und zerstörter Flugplätze von der Außenwelt regelrecht abgeschnitten. Die Personenschäden blieben gering aufgrund der schnellen Evakuierung; von den Ölbohrinseln im Golf von Mexiko wurden die Beschäftigten im Eilverfahren ausgeflogen. Mexiko wurde ebenfalls von diesem tropischen Wirbelsturm betroffen, der an Ausmaß und Zerstörungskraft nach Beobachtungen des amerikanischen Hurrikanzentrums in Miami der bislang schwerste im Karibikraum war. Sein Luftdruck war mit 888 Hektopascal noch niedriger als der des berüchtigten Hurrikans von Florida 1935.

1989 im September brach »Hugo« mit unvorstellbarer Gewalt aus der Karibik kommend, wo er Puerto Rico stark verwüstete, über den Südosten der USA herein. Die Küstenregionen von South und North Carolina sowie Georgia wurden von Hunderttausenden ins Landesinnere flüchtenden Menschen verlassen. Die über 5 m hohe Flutwelle wälzte sich weit ins Binnenland hinein, denn fatalerweise waren die normale Flut und die Sturmflutwelle gleichzeitig eingetroffen. Die Stadt Charleston und ihre unmittelbare Umgebung wurden sehr schwer getroffen. Die Menschenverluste aber blieben wegen der frühzeitigen Warnungen recht gering.

Der Hurrikan »Andrew« hatte sich Ende August 1992 als tropischer Sturm unterhalb der Orkanstärke im Atlantik westwärts bewegt, entlang dem 26. Breitengrad am Rand der warmen Meeresbereiche. Plötzlich gewann er innerhalb von zwei Tagen enorm an Intensität und erreichte mit Windgeschwindigkeiten von über 220 km/h

Florida. Weil er trotz seiner Ausdehnung die ursprüngliche Richtung beibehielt, konnte das kommende Unheil für Florida rechtzeitig angekündigt werden. Am nächsten Tag schwenkte er jedoch in den Golf von Mexiko zurück. Man glaubte zuerst, »Andrew« werde östlich des Mississippi wieder an Land gehen und befürchtete schwere Schäden für New Orleans. Doch tatsächlich nahm »Andrew« einen mehr westlichen Kurs in Richtung auf Texas.

Zyklone im Golf von Bengalen

Die schwersten Verluste durch tropische Wirbelstürme erlebt seit Jahrhunderten die Bucht von Bengalen, besonders das heutige Bangladesch, das zu den ärmsten und dichtest bevölkerten Ländern der Welt gehört. Nach schlimmen Überschwemmungen in früheren Jahren (1987 und 1988), die bereits ein Drittel der Bevölkerung obdachlos gemacht hatten, wurden durch den tropischen Wirbelsturm am 28. April 1991 erneut über 7 Millionen Bengalen obdachlos. Der ganze 800 km lange, tiefliegende Küstenstreifen im Mündungsbereich des Brahmaputra und Ganges stand unter Wasser. Viele Ortschaften waren total zerstört und von der Außenwelt abgeschnitten. Die Anzahl der Menschen, die in der Flutwelle ertrunken sind, mit ihren Hütten weggeschwemmt, nach der Flut verhungert oder an Epidemien gestorben sind, soll über 300.000 liegen. Auch die Ernten und ein großer Teil des Viehbestandes wurden vernichtet; die meisten Straßen und Brücken waren zerstört.

Schon 1970 hatte Bangladesch eine ähnliche Wirbelsturmkatastrophe erfahren, wobei ebenfalls um 300.000 Menschen umgekommen waren. Danach versprach die Regierung, an der gefährdeten Küste Schutzbunker als Zuflucht für die Bevölkerung zu bauen. Doch in den 20 Jahren zwischen beiden Katastrophen waren gerade erst 300 von 2500 geplanten Schutzbunkern aus Beton fertig geworden.

Die alljährlich um zwei Millionen wachsende Bevölkerung von Bangladesch hat sich seit 1961 verdoppelt, und gehört mit 750 Einwohnern pro Quadratmeter zu den am dichtesten besiedelten Ländern der Erde. 20 Millionen der insgesamt ca. 110 Millionen Bengalen leben unter akuter Hochwasserbedrohung. Wenn das Wasser durch eine Sturmflut um 2 m steigt, stehen 15 % des Landes unter Wasser. 30 Millionen Bengalen werden mit ihren winzigen, fruchtbaren Feldern oder Fischerhütten überflutet, wenn das Wasser um 3 m steigt. Die Sturmflut von 1991 erreichte fast 7 m.

Das Land ist – trotz der höchsten Entwicklungshilfe in Asien von über 2 Milliarden DM (1990) – zu arm, um aus eigener Kraft ausreichende Schutzräume für die von regelmäßigen Überflutungen heimgesuchte Bevölkerung zu bauen. An einigermaßen sichere Dämme ist nicht zu denken.

Die Entstehung des tropischen Wirbelsturmes am 24. April 1991 war gut zu verfolgen. Seine Zugbahn entsprach der Hauptzugrichtung der Bengalenzyklonen, erst in Richtung Norden und dann nach Nordosten abbiegend, wobei besonders das Küstengebiet um Chittagong sehr hart getroffen wurde. Nach Meinung der Fachleute waren weder der Tiefdruck des Wirbelsturms noch seine Windgeschwindigkeit, noch die Flutwellen außergewöhnlich. Man rechnet für die Zukunft durchaus mit Wiederholungen dieser Katastrophe – vielleicht nach Westen, zur Ostküste Indiens hin oder in Richtung Kalkutta. Diese Ziele liegen ebenfalls im Verlauf möglicher Zugbahnen und sie erlitten in den vergangenen Jahrhunderten auch schwerste Verluste durch tropische Wirbelstürme (1737, 1787, 1864).

Das für Außenstehende Unbegreifliche ist, angesichts der mit Sicherheit wiederkehrenden Überschwemmungen, daß sich die Menschen immer wieder so massenhaft auf diesem flachen, ungeschützten, aber fruchtbaren Land niederlassen. Es ist fraglich, ob die Orkanwarnungen hier gehört werden und ob die Betroffenen, die armen Kleinbauern und Fischer, diesen Warnungen folgen würden, auch wenn genügend Schutzbunker verfügbar wären. Sie haben Angst, ihr Land, ihren ganzen Besitz zu verlieren, wenn sie ihre Hütte oder ihr Fischerboot verlassen. In Gebieten wie Bangladesch werden diese unabwendbaren Naturereignisse immer zu Katastrophen werden.

Willy-Willies in Australien

Im Gegensatz zu Bangladesch ist Australien ein sehr dünn besiedelter Kontinent, wenn man von den städtischen Verdichtungszonen an den Küsten im Osten und Südosten absieht.

Besonders in den tropischen Regionen des australischen Nordens, die den hier »Willy-Willies« genannten Wirbelstürmen ausgesetzt sind, leben nur wenige Einwohner, so daß die Wirbelstürme vergleichsweise wenig Schaden anrichten können. Eine Ausnahme unter den elf Zyklonen des Jahres 1974/75 war »Tracy«, der 1974 genau zu Weihnachten auf seiner Zugbahn auf Darwin stieß, die Hauptstadt des Nordterritoriums.

Die Zugstraße des entstehenden Zyklons in der Arafurasee brachte den noch nicht voll ausgebildeten Wirbelsturm in südwestlicher Richtung heran. Man glaubte, er werde nördlich von Bathurst und Melville Island bleiben. Doch in der Nacht zum Heiligen Abend drehte »Tracy« im Westen von Bathurst Island nach Süden ab, um dann am Morgen klar Richtung Ostsüdost direkt auf Darwin einzuschwenken und mit einer Geschwindigkeit von 7 km/h näherzukommen.

Darwin war, nach mühsamen und teils vergeblichen Anläufen, im 19. Jahrhundert nur durch das Telegraphenkabel mit der Außenwelt verbunden gewesen. Nach dem Ausbau des Stuart Highway zu Verteidigungs- und Nachschubzwecken im Zweiten Weltkrieg und durch seinen strategisch wichtigen Flugplatz war es aus seiner Isolierung herausgeholt worden, so daß sich die Bevölkerung, von nur 5000 im Jahr 1947, 1974 auf 46600 erhöht hatte. So war die Stadt zum Verwaltungs- und Dienstleistungszentrum geworden.

Gegen Mitternacht begann das Sturminferno in Darwin. Kurz nach vier Uhr am frühen Morgen des ersten Weihnachtstages erreichte das Auge des Wirbels die Stadt. Nach einer kurzen Verschnaufpause begann der zweite Akt der Zerstörung. Nach Berührung mit dem Festland schwächte sich »Tracy«, nach Südosten weiterziehend, rasch ab. Der Kurs des heranziehenden Wirbelsturms wurde vom Wetterdienst sehr exakt beschrieben, aber im Eifer der letzten Weihnachtsvorbereitungen – im schwülheißen Tropensommer – nahm das kaum jemand zur Kenntnis. Doch nicht nur Privatleute widmeten sich dem bevorstehenden Fest, auch die Behörden und die Notstandseinrichtungen kümmerten sich nicht um die drohende Gefahr. Es fehlte jedes Katastrophenbewußtsein.

Durch die Zerstörungen des Sturmes, durch Windböen und Starkregen, brachen alle Kommunikationsmöglichkeiten in der Stadt selbst und nach außerhalb zusammen. Stromnetz, Telefon und Radiosender fielen aus, ebenso für eine Reihe von Stunden die militärische Nachrichtenübermittlung.

Von den 8000 Häusern der Stadt waren 5000 restlos zerstört; nur 500 waren noch bewohnbar. Durch den

Abb. 33. Reste des Rathauses von Darwin als Memento des Wirbelsturms »Tracy«.

Ausfall des Stromnetzes wurden die Verhältnisse schnell chaotisch. Die Zahl der Todesopfer – 49 in den Trümmern der Stadt, 16 auf der tobenden See – waren angesichts der Zerstörungskraft von »Tracy« eher gering. Weil die Flutwelle des Wirbelsturms nicht sehr hoch war (1,5–4 m) und Nipptide herrschte, kam es in Darwin nicht zu Überschwemmungen.

Am späten Abend des 25. Dezember wurde der Beschluß zur großangelegten Evakuierung der tatsächlich im Regen stehenden Bevölkerung beschlossen. Bis zum 31. Dezember hatten 25600 Menschen die Stadt auf dem Luftweg verlassen, fast 10000 hatten sich per Auto über den Stuart Highway Richtung Süden auf die Flucht begeben. So wurde diese Katastrophe einerseits durch die Anlieferung lebenswichtiger Güter per Flugzeug oder Schiff, und andererseits durch das Ausfliegen der Bevölkerung bewältigt.

Die Regierung war gegen den Wiederaufbau der Stadt im Einzugsbereich der Wirbelstürme. Die ehemaligen Bewohner aber kamen sehr schnell zurück und wollten ihre Häuser wieder aufbauen. Die »Darwin Reconstruction Commission« als staatliche Wiederaufbaubehörde war überfordert. Notwohnungen und Wohnwagensiedlungen bedeuteten bei Beginn der neuen Zyklonensaison 1975/76 ein hohes Risiko. Ende 1977 war der alte Bevölkerungsstand von 1974 wieder erreicht; 2000 Häuser völlig neu entstanden und 7000 waren am alten Platz wieder aufgebaut. Strengere Bauvorschriften setzten höhere Windlasten fest, so daß die neuen Siedlungen nicht in der gewohnten tropengünstigen Stelzenbauweise mit ausladenden Dächern gebaut wurden, sondern statt dessen aus bodennnahen Betonbauten. An das ehemalige Darwin vor »Tracy« erinnern einige als Memento übriggebliebene Ruinen, wie das ehemalige Rathaus (Abb. 33).

Außertropische Wirbelstürme / Winterstürme

Von den tropischen Wirbelstürmen unterscheiden sich die außertropischen oder sogenannten Winterstürme durch ihre Entstehung, ihre Entstehungsgebiete und Zugbahnen.

Außertropische Wirbelstürme sind Tiefdruckgebiete (zyklonale Störungen) mit hoher Windgeschwindigkeit. Voraussetzung für ihre Entstehung sind starke Temperaturdifferenzen zwischen Pol und Äquator, wie sie besonders im Herbst und Winter bestehen, wenn intensive polare Kaltluftausbrüche auf subtropische Warmluftmassen von den noch warmen Meeren treffen. An der ortsfesten Luftmassengrenze zwischen polarer Kaltluft und subtropischer Warmluft entsteht eine wellenförmige

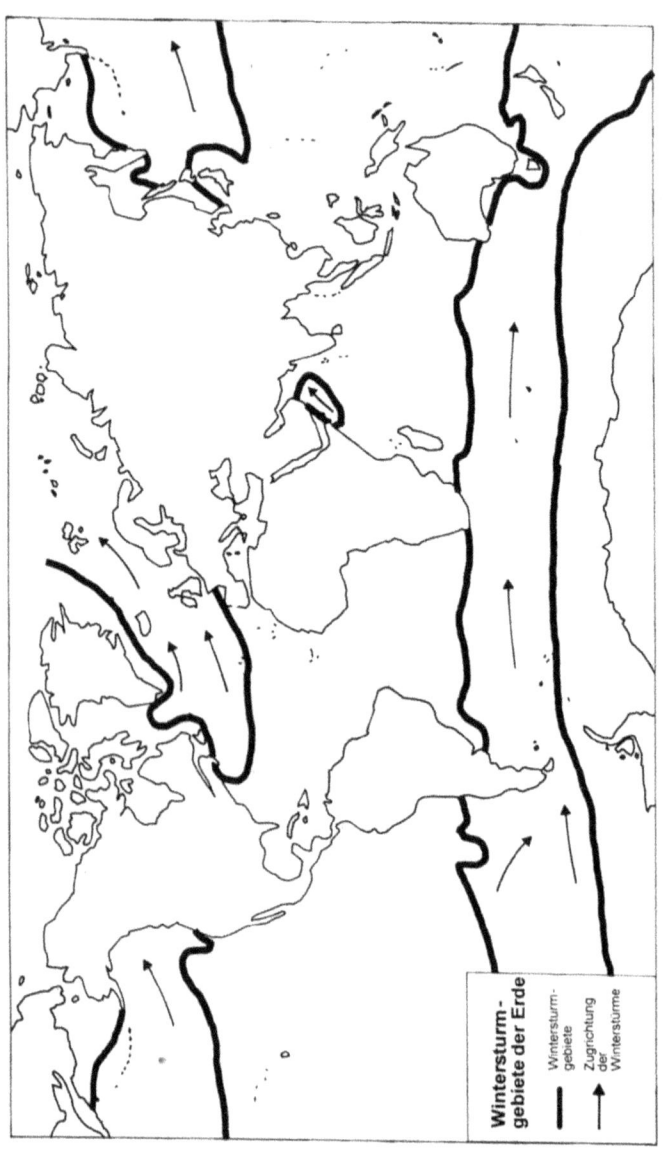

Abb. 34. Wintersturmgebiete der Erde. Die Pfeile geben die Zugrichtung der Stürme an.

Verformung. Dabei stößt die Polarluft nach Süden vor und drängt die Warmluft an der Vorderseite nach Norden. Im Zentrum dieser Drehbewegung fällt der Druck, es bilden sich großräumige Tiefdruckwirbel. Der Temperaturunterschied zwischen den beiden Fronten bedingt die Intensität der Sturmfelder. Wenn die Warmfront von der schneller vordringenden Kaltfront eingeholt wird und sich dabei die Luftmassengegensätze ausgleichen, schwächt sich der Tiefdruckwirbel ab. Die tropischen Wirbelstürme dagegen entstehen über aufgeheizten Meeren und sind frontenlose Tiefdruckwirbel.

Die maximale Windgeschwindigkeit liegt allgemein niedriger als bei den tropischen Wirbelstürmen – bei maximal 250 km/h in Spitzenböen. Doch können Winterstürme viel breitere, bis zu 1500 km ausgedehnte Sturmfelder entwickeln. Sie dringen weit in dichtbevölkerte, stark industrialisierte Gebiete vor (Abb. 34). Gerade für Europa können diese Winterstürme oder Orkane zu einer großen Bedrohung werden. An der Luftmassengrenze der Polarfront entstehen ständig Tiefdruckwirbel, die nach Osten verschoben werden und dabei sehr beachtliche, geradlinige Tagesstrecken (bis zu 1000 oder 2000 km) zurücklegen, ganz im Unterschied zu den sehr viel langsamer und unberechenbarer vorankommenden tropischen Wirbelstürmen. Ab einer Windgeschwindigkeit von 60 km/h beginnen die Schäden, doch in Spitzenböen können die Orkane auch um 200 km und darüber erreichen.

Orkane in West- und Mitteleuropa

Noch gut in Erinnerung sind die Orkanserien zum Jahresbeginn 1990, die für ganz West- und Mitteleuropa – vor allem für Großbritannien, die Niederlande und

Abb. 35. Wintersturmschäden in Norddeutschland.

Deutschland – gewaltige Schäden brachten. Zuerst zogen von Anfang Januar bis Mitte Februar nacheinander sechs Orkantiefs über Mitteleuropa hinweg. Die zweite Sturmserie brachte innerhalb von nur vier Tagen sogar drei Orkane, darunter die gefürchteten »Vivian« (25.-28.2.1990) und »Wiebke« (28.2.-1.3.1990). Die wie eine Staffel über den Nordatlantik hintereinanderher rasenden Orkane hatten in ihrer Zugrichtung große Abweichungen im Vergleich zum gewohnten Orkanverlauf: Sie schoben sich mit voller Kraft viel weiter nach Osten, bis über Dänemark, statt wie üblich vor Irland aufzugehen. Der Grund für diesen Verlauf lag möglicherweise in dem sehr milden Winter. Die Schneemassen über Osteuropa fehlten, und es konnte sich kein Hoch aufbauen, das die Sturmtiefs gebremst hätte.

Die Sturmfelder der Orkane, vor allem von »Wiebke«, der sehr weit nach Süden reichte, richteten in den Wäldern Mitteleuropas ungeahnte Verwüstungen an (Abb. 35). Es war nicht so, daß alles gleichmäßig geschädigt war, denn bei der enormen Breite des Orkans gab es immer wieder Spitzenböen, die je nach den örtlichen Gegebenheiten (Berg- und Talverlauf zur Richtung des Sturmes) die Sturmschäden besonders konzentrierten.

Die Waldbestände Norddeutschlands hatten – u. a. durch den »Niedersachsenorkan« von 1972 – bereits Orkanerprobung hinter sich; für die Wälder Süddeutschlands, vor allem für die weitverbreiteten Nadelholzbestände, fehlte diese »Sturmerfahrung« völlig.

Insgesamt fällten die Orkane in Deutschland 60 Millionen Kubikmeter Holz, was dem normalen Holzeinschlag von zwei Jahren entsprach. Von den Orkanschäden besonders schwer getroffen wurden (staatliche, kommunale und private) Waldbestände in Hessen, im Allgäu und im nördlichen Schwaben. Als ein »Jahrhundertschaden«, als schwerste Waldkatastrophe seit Beginn der buchgeführten Waldbewirtschaftung im 18. Jahrhundert, wurden die Folgen der beiden letzten und schwersten Orkane »Vivian« und »Wiebke« von den Forstleuten bezeichnet. Nicht nur Fichtenmonokulturen, auch vorbildlich naturnaher Waldbau mit gemischten Beständen, wurde schwer heimgesucht. Windwurfholz überschwemmte den Markt und die Preise verfielen. Zwischenlagerungskosten, Borkenkäferbekämpfung am liegenden Holz, Aufräumung und Wiederaufforstung schufen große finanzielle Probleme. Die Bundesländer mußten die privaten Waldbesitzer unterstützen, die allein die katastrophalen Auswirkungen der Orkane nicht hätten bewältigen können. Es gab Lagerprämien für Schadholz und Wiederaufforstungshilfen. Wo nach Totalverlusten wiederaufgeforstet wurde, wird es ca. 30 Jahre dauern, bis wieder Hochwald nachgewachsen ist.

Ob und wie weit der Wald durch Umweltbelastungen vorgeschädigt und deshalb nicht widerstandsfähig genug war, darüber gab es lange Diskussionen. Man hat durch den Schaden gelernt und bei der Wiederaufforstung weitgehend auf die vorher weitverbreiteten Monokulturen aus Nadelhölzern verzichtet. Mischwälder sind widerstandsfähiger gegen Windwurf, auch wenn die Wuchszeit bei Laubbäumen länger dauert, aber den Winterstürmen bieten die kahlen Laubbäume weniger Angriffsfläche als Nadelbäume.

Doch nicht nur die Waldschäden waren nach »Vivian« und »Wiebke« katastrophal, umgestürzte Bäume blockierten auch Straßen und Eisenbahnlinien; Telefon- und Stromleitungen waren unterbrochen, unzählige Dächer abgedeckt, Kirchtürme abgeknickt, Autos von Bäumen zertrümmert oder eingeklemmt. Auch die noch bestehenden deutsch-deutschen Grenzanlagen wurden vor ihrem Abbau durch Windwurf beschädigt.

Durch den Großeinsatz von Feuerwehr, Technischem Hilfswerk, Polizei und Bundeswehr konnte die Katastrophe bewältigt werden. Insgesamt kamen in Mitteleuropa durch die Einwirkungen der Orkane über 100 Menschen ums Leben. Die gesamten versicherten Schäden wurden mit 12 Milliarden DM angegeben (Münchener Rückversicherungsgesellschaft 1990).

Die Winterstürme bringen, ebenso wie die tropischen Wirbelstürme, auch Sturmfluten als große Gefahren für die Küstengebiete mit sich. Die Erfahrungen bei den Orkansturmfluten im Winter 1990 an den Nordseedeichen veranlaßten die niedersächsische Landesregierung, den Küstenschutzplan zu erweitern. Die Deiche an der Nordseeküste Niedersachsens sollten für 450 Millionen DM ausgebaut werden. Von der ca. 600 km langen Hauptdeichlinie sollte ein 66 km langes Teilstück erweitert werden, und auf 88 km Länge sollten die Deiche nachträglich erhöht werden, um damit auch dem möglichen säkularen Anstieg des Meeresspiegels um 25 cm zu begegnen.

Niedersachsen hatte bereits vorher Katastrophenerfahrung mit Winterstürmen gesammelt: Am 13. November 1972 entwickelte sich aus einem gewöhnlichen Tiefdruckgebiet über dem Nordatlantik ein ungewöhnlicher Orkanwirbel. Das mit warmer Luft angefüllte Tief prallte vor Irland auf eine Kaltfront. Immer neue Orkanböen erreichten Windstärken von über 150 km/h. Der 300 km breite Orkan walzte durch die bewaldeten Geestgebiete Nordwestdeutschlands. Die Sturmböen knickten Altholzbestände und deckten Dächer ab. Durch die Zerstörung der Versorgungsleitungen hatten Haushalte, Industrie und Landwirtschaft keinen Strom. Durch umstürzende Bäume und einstürzende Gebäude wurden im Oldenburger Münsterland (Landkreise Cloppenburg und Vechta), wo der Orkan besonders schlimm tobte, sechs Menschen getötet. Die Sachschäden beliefen sich auf viele Millionen Mark.

In Europa wurden insgesamt Schäden in Höhe von 500 Millionen US$ angegeben, von denen nur 200 Millionen durch Versicherungen abgedeckt waren. Von der fast 1 Million Hektar großen Waldfläche Niedersachsens – mit 90 % Privatwald – wurden 100000 ha durch Windwurf schwer geschädigt oder zerstört. Im Oldenburger Münsterland erlitten fast die Hälfte der Waldflächen – über 9000 ha – schwerste Windwurfschäden (insgesamt 1,2 Millionen Kubikmeter Holz).

Der Capella-Orkan

Dieser Orkan entstand, als Ende Dezember 1975 extrem kalte Polarluft und sehr warme und feuchte Subtropenluft mit Temperaturgegensätzen von 25 °C aufeinanderprallten. Das führte zur Ausbildung eines intensiven Tiefdruckwirbels. Bereits zum Jahreswechsel zog ein Vorläufertief als Sturmfeld am Alpenvorland entlang. Die danach folgende Störung konnte sich viel intensiver entfalten, weil die arktische Kaltluft auf sehr kurzem Weg einströmte. Am 1. Januar 1976 löste sich aus dem Tiefdrucksystem westlich der Azoren eine neue Tiefdruckwelle ab, an deren Vorderseite sehr warme, feuchte Luft nach Norden und an deren Rückseite besonders kalte Luft nach Süden floß. Das Orkantief »Capella« zog unter rascher Luftdruckabschwächung eminent schnell über Atlantik und Ostsee weiter nach Osten, wobei es eine Tagesstrecke von 2000 km zurücklegte. Am 2. Januar wurde ganz Großbritannien von Sturm- und Orkanböen heimgesucht. Am Ende des Tages hatte das Sturmtief seine größte Ausdehnung erreicht. Es erstreckte sich von Irland bis Ostbayern und von Norwegen bis in die Schweiz. Die höchsten Windgeschwindigkeiten waren mit 150–215 km/h in Mittelengland gemessen worden, in Deutschland erreichten die Spitzenböen 163 und 185 km/h.

Nach der Stärke, der räumlichen Ausdehnung und auch den Schäden war der Capella-Orkan eine der schwersten Sturmkatastrophen dieses Jahrhunderts in England. Es gab dort 23 Tote, unterbrochene Nachrichten- und Verkehrsverbindungen und den Ausfall der Energieversorgung. Die Gesamtschäden in England wurden auf 100 Millionen Pfund geschätzt. Sie waren nur zu einem Drittel durch Versicherungen gedeckt.

Nachdem sich der Orkan am 2. Januar um 2000 km nach Osten verlagert hatte, schwächte er sich ab, das heißt, der Luftdruck füllte sich auf.

An der Küste war die Windgeschwindigkeit des Capella-Orkans besonders intensiv gewesen; weite Bereiche der englischen und deutschen Nordseeküste wurden am 3. Januar von einer schweren Sturmflut getroffen. In der Deutschen Bucht erreichte die Sturmflut bisher nie gekannte Wasserstände. In Hamburg wurden 6,45 m über NN gemessen, das bedeutet 85 cm mehr als bei der Flutkatastrophe von 1962 – wobei der Wasserstand 1962 durch die vielen gebrochenen Deiche nicht die volle Höhe erreicht hatte. Es gab bei der Capellasturmflut in Deutschland keine Todesopfer – 1962 waren dagegen in Hamburg 315 Tote zu beklagen gewesen. Dank der neuen Deichbauten und der Frühwarnung durch das *Seewetteramt Hamburg* und das *Deutsche Hydrographische Institut* gab es keine Personenschäden. Allerdings wäre Hamburgs Innenstadt wieder überflutet worden, wenn die Flut 40 cm höher gestiegen wäre, das heißt, wenn der Orkan länger aus Nordwesten getobt hätte. Obwohl die Deiche gehalten hatten, gab es durch die Überflutung des Hafengeländes (Speicherstadt, Lagerschuppen, Containerterminals und Freilager) immense Warenschäden von insgesamt 500 Millionen DM.

Die Gesamtschäden in den 18 Ländern, die von »Capella« betroffen waren, summierten sich auf mehrere Milliarden DM. Der Orkan hatte während seiner nur dreitägigen Dauer ein einmalig großes Gebiet von 3 Millionen km^2 heimgesucht, und insgesamt kamen dabei 82 Menschen ums Leben. Seinen Namen erhielt der Orkan nach dem Küstenmotorschiff »Capella« aus Rostock, das mit 11 Mann Besatzung im Sturm vor der niederländischen Küste gesunken ist.

Winterstürme an der Nordsee

Schwere Winterstürme an der Nordsee mit vernichtenden Sturmfluten waren und sind nicht außergewöhnlich. Sie treten, wenn auch bisweilen in recht dichter Häufung, niemals in einer periodischen Folge auf. Periodisch ist nur der Zeitpunkt ihres Entstehens, nämlich die Monate Oktober bis Februar, wenn die Gegensätze in der

Atmosphäre zum Aufeinanderprallen der Warm- und Kaltfront führen. Daß sich ein Orkantief, und in seinem Gefolge eine Sturmflut, entwickelt, ist rein zufällig, also nur durch Wahrscheinlichkeit zu kennzeichnen. Für die deutsche Nordseeküste läßt sich sagen, daß für einen Zeitraum von 20 Jahren fünf schwere Stürme wahrscheinlich sind. So ist also im Durchschnitt alle vier Jahre mit einem schweren Sturm zu rechnen. Das schließt nicht aus, daß mehrere Jahre in Folge katastrophale Stürme vorkommen können. Es kann aber auch jahrzehntelang zufällig nichts passieren.

Auffallend ist, daß sich seit Jahrhunderten die Wasserstände im südlichen Nordseebereich kontinuierlich erhöhen. Der sogenannte säkulare Anstieg von 25 cm pro Jahrhundert wird auf hydrographische und meteorologische Gründe sowie auf tektonische Senkungserscheinungen zurückgeführt. Diesem ansteigenden Wasserstand muß durch eine Anpassung der Deiche entgegengewirkt werden.

Historische Sturmfluten an der deutschen Nordseeküste

Seit dem Mittelalter sind für die deutsche Nordseeküste eine ganze Reihe schwerer und schwerster Sturmflutkatastrophen überliefert, die weite Landflächen und unzählige Menschenleben gekostet haben. Katastrophenjahre waren: 1164, 1219, 1287, 1362 (die sogenannte »Große Manndränke« mit ca. 100000 Toten), 1532, 1570, 1625, 1634, 1717, 1825. Besonders die Sturmflut von 1717 ist ausführlich untersucht und dokumentiert worden (Jakubowski-Tiessen 1992). Damals hatte der Sturm an Weihnachten von Süd- nach Nordwesten gedreht und an Heftigkeit zugenommen. Bei dieser gefährlichen Situation wird das Wasser in die Nordsee gedrückt, wo der Wasserspiegel ansteigt, und durch den Nordwestwind auf die Küste getrieben. Die Bevölkerung hatte nicht mit einer schlimmen Flut gerechnet, weil der Mond im letzten Viertel stand – ein warnendes Seewetteramt gab es noch nicht. Nach dem Weihnachtsabend hatten sich die Menschen beruhigt schlafen gelegt, da der Wind gegen Mitternacht abflaute. Doch er setzte bald wieder ein und verstärkte sich zum Orkan. Zusammen mit dem steigenden Tidenwasser kam eine nie erlebte Sturmflut, die Deiche brachen oder wurden einfach überspült. Die Angaben über die Wasserstände sind nicht exakt nachzuprüfen, doch es vermittelt eine Vorstellung davon, wenn Wasserstände auf den Marschen von 5 m und in den Häusern von 1–3 m beschrieben werden.

Im dem Bericht eines Oldenburgischen Amtsvogts heißt es: »Wir hatten es (das Wasser) bereits im Hause, da wir es erfuhren, Kisten, Kasten und alles, was an der Erden stund, fing an zu treiben; die Schränke schlugen mit grossen Rasseln nieder, und schwommen herum, da es dann nicht zu säumen, sich nach dem Boden zu retiriren, und trug ich meine Frau, folglich ein Kind, halb schwimmend hinauff; die übrigen 2 Kinder folgeten mit dem Gesinde, nebst etwas von der Kinder Bettzeuge, alles übrige bliebe unten schwimmend.« (Jakubowski-Tiessen 1992).

Die genaue Zahl der Todesopfer ist nicht zu ermitteln. Zeitgenössische Berichte nennen 8000 oder 18000. Nach der Flutkatastrophe sind sicher viele Menschen durch Kälte, Hunger und Seuchen umgekommen. Die Sturmflut war für viele ein Gericht Gottes; ein Pastor begann 1718 sogar eine neue Zeitrechnung »mit dem ersten Jahr nach der Sündflut«.

Die frühen Schutzzonen bei Sturmfluten waren Wurten (= Erdhügel), die den Wasserständen angepaßt, vergrößert und erhöht wurden, wie heute noch auf den Halligen, wo sie die einzige Zuflucht bei Gefahr sind. Der frühe Deichbau errichtete niedrige Erdwälle mit steilen Böschungen und von geringer Breite. Die Erfahrung und die fortschreitende Deichbautechnik entwickelten den »Bermedeich« mit künstlich angelegtem Vorland als Wellenbrecher. Man paßte ihn durch Einbau verschiedener Böschungsneigungen den steigenden Sturmfluthöhen an.

Die Sturmflut von 1825 mit 800 Toten führte zur Verstärkung oder zum Neubau der beschädigten Deiche. Die Deich- und Sielordnungen waren in langer Tradition im Kampf gegen das Meer erprobt: »Wer nicht will deichen, muß weichen.« Die stets den Erfordernissen angepaßten modernen Deichbauten des 19. Jahrhunderts sorgten dafür, daß sich bis 1962 keine Sturmflut zur Katastrophe auswachsen konnte.

Holland

1953 hatte der sogenannte »Hollandorkan« auf einer ganz atypischen Zugbahn, von den Faröerinseln durch die nördliche Nordsee südöstlich zur Deutschen Bucht, schwere Schäden an der englischen Ostküste und eine Überflutungskatastrophe in Holland bewirkt. Dieser schlimmen Überflutung fielen über 2000 Menschen zum Opfer. Der Gesamtschaden betrug 15 Milliarden Gulden. Die Niederlande gingen danach in einer großen nationalen Anstrengung daran, in einem umfassenden Deichbau (Abschlußdeich und Eindeichung des Mündungsdeltas von Rhein, Maas und Schelde) das Land vor dem Meer zu sichern – eine überlebenswichtige Aktion, denn zwei Drittel der Niederlande liegen tiefer als der Meeresspiegel.

Deutsche Bucht 1962

Für die Deutsche Bucht kam die katastrophale Sturmflut am 16. und 17. Februar 1962. Über den Rundfunk war vom Seewetteramt die Entwicklung eines großen Orkans angekündigt: Für die gesamte deutsche Nordseeküste wurde vor einer sehr schweren Sturmflut gewarnt. Doch die Chance des mehrstündigen Zeitvorsprungs vor der Flut, dank der Lage Hamburgs 100 km elbeaufwärts, wurde versäumt. Die Zeiten der Deich- und Sielordnungen als Überlebensgrundlage am Meer waren vorbei. In den deichgeschützten Gebieten hatten sich inzwischen zahllose Neubürger der Großstadt niedergelassen, die keine Beziehung zu Meer und Deich und auch keinerlei Gefährdungsbewußtsein besaßen. Die Deiche hielten der Sturmflut nicht stand: Es kam auf 18 km Länge zu insgesamt 86 Deichbrüchen. Der Wasserstand erreichte 5,70 m über NN – wenn die Deiche gehalten hätten, wäre das Wasser sicher noch weit höher gestiegen.

Nach den Deichbrüchen waren 15000 ha Land überschwemmt, 20 % der Fläche des Stadtstaates Hamburg. Von den Überschwemmungen waren 120000 Personen betroffen, davon 34000 unmittelbar; 20000 mußten sofort evakuiert werden. Mit Booten wurden viele Menschen aus direkter Lebensgefahr gerettet, von Dächern und aus Bäumen, wohin sie sich vor dem Wasser geflüchtet hatten. Soldaten der Bundeswehr und der NATO waren im Einsatz. Durch die Überflutung fielen die Energieversorgung, die Hauptnetze des Schienenverkehrs und die Straßenverbindungen nach Süden aus. Schwierig wurde die Versorgung der vom Wasser eingeschlossenen Bevölkerung. Auffanglager nahmen die Obdachlosen auf; gegen drohende Seuchen wurde geimpft.

So sehr die Improvisation der Hilfe und der Katastrophenbewältigung unter der Leitung des damaligen Innensenators Helmut Schmidt gelobt wurde, so gab es doch Kritik am fehlenden vorbeugenden Katastrophenschutz. Durch die Ufernähe der Versorgungsbetriebe war die ganze Stadt lahmgelegt, nicht nur die überfluteten Stadtteile. Die Bevölkerung Hamburgs war in keiner Weise auf eine Flutkatastrophe vorbereitet.

780 Millionen DM (davon 420 Millionen Bundesmittel) wurden investiert, um die Schäden der Sturmflut zu beheben und für zukünftige Heimsuchungen besser gewappnet zu sein. Der Niedersachsenorkan vom 13. November 1972 hatte für Hamburg einen günstigen Verlauf genommen, denn der Sturm verweilte nur kurz in der Deutschen Bucht und erreichte nur Windstärke 10, so daß die Sturmflut ausblieb. Den Capella-Orkan von Anfang Januar 1976 überstand Hamburg, trotz der schweren Sturmflut und der hohen Sachwertschäden im Hafenbereich, mit Glück.

Tornados

Ein Tornado, auch Trombe genannt, ist ein Wirbelsturm von extrem kleinem Durchmesser, aber dafür von ganz besonders hoher Intensität. Die meisten Tornadorüssel haben einen Durchmesser von ca. 100 m, ihre Zuglänge reicht meist nur über einige Kilometer. Doch es sind auch Abweichungen bekannt. Es gab breite Tornados bis zu 1000 m und mit Zugstrecken über 300 km. Die Windgeschwindigkeiten am Rüsselrand sind unvorstellbar hoch, bis zu 500 km/h, so daß ihnen auch massive Gebäude nicht widerstehen können. Der Luftdruckabfall im Rüsselinnern kann, ähnlich wie das Auge im tropischen Wirbelsturm, Gebäude geradezu explodieren lassen (Abb. 36).

Die Entstehung von Tornados ist nicht restlos geklärt. Aus einer Wolke scheint ein rüsselartiger Schlauch nach unten zu schießen. Durch die geringe Ausdehnung und das plötzliche Auftreten entzieht der Tornado sich der exakten Vermessung. Tornados sind weltweit zwischen 20 und 60° geographischer Breite zu finden, doch weitaus am häufigsten sind sie in den USA zu beobach-

Abb. 36. Tornadospirale. (© Tony Stone Bilderwelten, München 1995)

ten, besonders im Mittleren Westen. Auslöser sind Gewitterlagen im Frühjahr und Sommer, bevorzugt am Nachmittag und Abend.

Wenn Tornados in dichtbesiedelten Gegenden auftreten, können sie eine Gasse der Zerstörung hinterlassen; auch Menschen sind sehr gefährdet. Die sehr unterschiedlichen Relationen von Todesopfer und Tornadozahl sagen wenig aus über die Intensität der Tornados, sondern mehr über den Ort ihres Auftretens.

Ein heftiger Tornado, der sogenannte »Tornado von Pforzheim«, bildete sich am 10. Juli 1968 kurz nach 20 Uhr auf dem lothringischen Hochplateau bei Sarrebourg in Frankreich. Er entstand im Frontbereich zwischen subtropischer feuchter Warmluft und kalter Meeresluft, als Kaltluftmassen wirbelartig herabstürzten. Der Weg der 125 km langen Zugbahn, in den Wäldern der

Vogesen und im Hagenauer Forst auf der linken Rheinseite, war durch zerstörte Bäume genau zu verfolgen. Der Oberrheingraben unterbrach den Zerstörungszug; erst im Nordschwarzwald bekam der Tornado wieder Bodenberührung. Er zerstörte Häuser und ganze Straßenzeilen, die in seiner Zugbahn lagen. 90 Minuten nach seiner Entstehung verwüstete er Teile der Stadt Pforzheim. Nach einer Lebensdauer von nicht einmal zwei Stunden löste er sich bei Vaihingen auf.

In seiner Schneise wurden Bäume auseinandergerissen, Dächer abgedeckt, Fassaden beschädigt, Häuser in den oberen Geschossen zerstört. Insgesamt beschädigte der Tornado über 3000 Gebäude. Die Landesregierung von Baden-Württemberg bezifferte den Schaden auf 40 Millionen DM. Weil der Weg des Tornados weitgehend durch Waldgebiete verlief, und er beim Überqueren des Rheingrabens abhob und Rastatt verschonte, konzentrierten sich die Schäden auf Pforzheim – daher sein Name »Pforzheimer Tornado«. An Personenschäden gab es ca. 200 Verletzte und drei Tote.

Gewitter-, Hagel- und Schneestürme

In Extremfällen können Gewitter zu Verursachern von lokalen oder regionalen Katastrophen werden. Blitzschläge, Wolkenbrüche und vor allem Hagelstürme können große materielle Schäden verursachen, aber auch schwere Personenschäden bis zu Todesfällen. Gewitter haben als Voraussetzung vollausgebildete Cumulonimbuswolken, in denen Wasserdampf in riesigen Mengen konzentriert ist, woraus dann, je nach Höhenlage und Temperatur, Starkregen, Schneeschauer oder Hagelstürme werden können.

Am häufigsten sind Wärmegewitter, die sich durch das Aufsteigen erhitzter Luftmassen bilden. Weniger abhängig von der heißen Jahreszeit sind Frontgewitter, die an der Einbruchsfront von Kaltluftmassen entstehen.

Hagelstürme sind schon immer ein großes Problem für die Landwirtschaft gewesen, weil sie die Ernten vernichten können, besonders bei Spezialkulturen wie Wein, Obst und Hopfen. Schon lange wird hier das Risiko durch Hagelversicherungen aufgefangen. Extrem schadensträchtig werden Hagelstürme über Großstädten, wie am 12. Juli 1984 in München, wo ein Gesamtschaden von 3 Milliarden DM entstand, der zur Hälfte durch Versicherungen gedeckt war. Der Hagelsturm erreichte eine Länge von 300 km, von Ravensburg im Westen bis zum Dreiländereck nordöstlich von Passau, und er hatte eine Breite von 5 km, was für Hagelstürme, mit der »Normgröße« von wenigen Kilometern Länge und weniger als einem Kilometer Breite, ganz außergewöhnlich ist.

Schneestürme bringen durch ihre Schneemassen, besonders aber durch die Windverfrachtung, die Schneeverwehungen, häufig regional begrenzte, winterliche Verkehrs- und Versorgungsprobleme. Durch die Blizzards als Folgen plötzlicher Kaltlufteinbrüche sehr gefährdet sind die Neuenglandstaaten der USA. Die hochtechnisierte Wohlstandswelt mit hohen Komfortansprüchen, die keine Risiken wahrhaben will, läßt Naturereignisse schnell zu Katastrophen werden.

Norddeutschland war zur Jahreswende 1978/79 und im Februar 1979 Schauplatz katastrophaler Schneestürme. Am 28. Dezember 1978 trafen ein stabiles Hoch über Skandinavien und ein Tief über dem Rhein zusammen, was zu Starkwindfeldern mit Sturmböen führte. Dauerregen ging durch einen Temperatursturz erst in Eisregen und dann in dichten Schneefall über. Es schneite tagelang ununterbrochen. Schleswig-Holstein war am schlimmsten betroffen; die Kommunikation war weithin unterbrochen. Der Eisregen hatte Freileitungen so ummantelt, daß sie unter dem Gewicht zerrissen; Hochspannungsmasten knickten um; die Energieversorgung brach zusammen; der weitgehend auf Strom angewiesenen Landwirtschaft (klimatisierte Ställe, Melk-, Fütterungs- und Entsorgungsautomaten) drohte ein Chaos. Noch chaotischer war die Situation auf den Straßen und im Zugverkehr. Über 5000 Menschen mußten aus festsitzenden Kraftfahrzeugen und Zügen geborgen werden. 17 Menschen starben im Schnee.

Zur Bewältigung der Schneekatastrophe wurde am 30. Dezember ein totales Fahrverbot verhängt, damit die Räum- und Versorgungseinsätze nicht behindert wurden. Räumgerät aus Süddeutschland, Bergepanzer der Bundeswehr und Hubschrauber waren im Einsatz. Auf die von der Außenwelt, vor allem dem Stromnetz, abgeschnittenen Bauernhöfe wurden Notstromaggregate gebracht.

Wie der Zufall es will, wiederholte sich sechs Wochen später dieses Naturereignis. Am 13. Februar 1979 türmten sich auf der harten Altschneedecke neue meterhohe Schneeverwehungen auf. Der Verkehr war nochmals fast für eine Woche lahmgelegt. Doch nach der nicht sehr gut angelaufenen »Premiere« zum Jahreswechsel klappten bei der »zweiten Aufführung« die Alarmierungen der Bevölkerung und die Einsätze viel besser. Die Notstromaggregate befanden sich noch auf den Landwirtschaftsbetrieben, so daß es hier wenig Probleme gab.

Das Land Schleswig-Holstein war auf Naturereignisse im Küstenschutz vorbereitet, nicht aber auf einen durch Schnee verursachten, landesweiten Notstand. Aus den Schneekatastrophen hat man gelernt, daß auch Notstandspläne für flächenhaft wirkende Naturereignisse vorhanden sein müssen.

7 Naturkatastrophen der Hydrosphäre

Verglichen mit Geosphäre und Atmosphäre erscheint die Hydrosphäre, also das gesamte auf der Erde vorhandene Wasser, recht geringfügig an Volumen. Doch der an Volumen kleine Anteil des Wassers in der Luft ist unabdingbar für alle dynamischen Vorgänge in der Atmosphäre.

Der Wasserkreislauf (Verdunstung – Niederschlag – Abfluß – Verdunstung) vollzieht sich auf der Erde insgesamt ausgeglichen, wobei die Verdunstung über den Ozeanen höher ist als über den Kontinenten. Diesen Überschuß erhalten die Meere durch den Abfluß von den Erdteilen wieder zurück.

In den Wassermassen der Ozeane bewirkt die Atmosphäre Wellen und Meeresströmungen; auch die Schwerkraft in Form der Gezeiten und die Erdrotation wirken auf die Meere ein.

Die plattentektonischen Verschiebungen der Lithosphäre führten in langen Zeiträumen zu Veränderungen der Küstenbereiche. Als jährliche Driftstrecken, bedingt durch die mittelozeanischen Rücken, nimmt man für den Atlantik 1 cm, für den Pazifik 5 cm und mehr an.

Neben den tektonischen Vorgängen bewirken isostatische Ausgleichsbewegungen, daß sich Küstengebiete langsam absenken oder aufsteigen. So erfuhren beispielsweise die Küsten Skandinaviens nach dem Abschmelzen des Eises eine Hebung.

Schneller als diese sehr langsamen Prozesse gehen säkulare, also im Zeitraum eines Jahrhunderts erfolgende Veränderungen vor sich, die durch das Klima beeinflußt werden. Das auf der Erde vorhandene Süßwasser ist zum überwiegenden Teil in Eisform gebunden, doch seit langer Zeit wird ein Zurückweichen aller Gletscher festgestellt. Während der letzten Eiszeit lag der Wasserspiegel der Meere sehr viel tiefer; es gab Landbrücken, wo heute Meeresstraßen und Inseln sind. Seit längerer Zeit wird ein ständiges Ansteigen des Meeresspiegels festgestellt, soweit man das anhand exakter Meßreihen (Pegelaufzeichnungen) zurückverfolgen kann. Man geht derzeit von einem Jahrhundertanstieg des Meeres von 25 cm aus. Mit Sicherheit ist daran die so stark gewachsene Weltbevölkerung nicht unbeteiligt, denn die laufende Steigerung der Kohlendioxidproduktion, durch die Verbrennung fossiler Brennstoffe, bewirkt den Treibhauseffekt, und damit eine wachsende Aufheizung der Atmosphäre und ein weiteres Abschmelzen der Eismassen von Polen und Gletschern.

Absenkungen im Küstenbereich können durch lokale Setzungen bedingt sein, oder auch wieder vom Menschen verursacht werden, nämlich durch die steigende Entnahme von Grundwasser. Das kann sich in einer Absenkung des Landes auswirken, die möglicherweise eine Meeresspiegelerhöhung vortäuscht oder verstärkt.

Katastrophenverlauf

Naturkatastrophen der Hydrosphäre erscheinen als außergewöhnlich hohe Wasserstände. Außer dem stehenden Hochwasser im Binnenland, das durch Überschwemmung Schaden verursacht, erscheinen an tiefliegenden

Küsten- und Uferbereichen als besondere Gefahr schnelle Wellen von großer Höhe und starken Strömungen.

Wellenbewegungen von gefährlichem Ausmaß und weitreichender Ausdehnung entstehen durch Luftdruckgegensätze, die zu Stürmen und Orkanen führen. Das können tropische Wirbelstürme oder Winterstürme in den gemäßigten Breiten sein. Die anderen Verursacher von außerordentlich hohen, sehr weitreichenden und gefährlichen Flutwellen sind tektonischer oder geologischer Art. So lösen Erdbeben, submarine Vulkanausbrüche und große Abrutschungen Tsunamiwellen aus. Diese ursächlichen Prozesse gehen meist in weiter Entfernung vom Wirkungsraum vor sich. In diesem räumlichen und zeitlichen Abstand besteht jedoch auch die Chance der frühzeitigen Warnung, so daß man den katastrophalen Auswirkungen entfliehen kann.

Besonders gefährdet sind Küstengebiete, die im Verlauf der Zugstraßen von tropischen und außertropischen Wirbelstürmen liegen, wie z. B. der Golf von Bengalen oder die tiefliegenden Küstenzonen der Nordsee (Abb. 37). Doch auch im Binnenland können Wirbelstürme durch die aus ihrer Wolkenwand niedergehenden Wassermassen für Überschwemmungskatastrophen sorgen.

Überschwemmungskatastrophen im Binnenland

Bei Überschwemmungen auf dem Festland sind meist außergewöhnlich starke und extrem langdauernde Niederschläge ursächlich. Doch auch die Beschaffenheit des Bodens, auf den die Niederschläge auftreffen, spielt eine wichtige Rolle. Wenn der Boden in der Lage ist, das Wasser aufzunehmen, wird es nicht so schnell zu einem Hochwasser, also einer Abflußkatastrophe kommen.

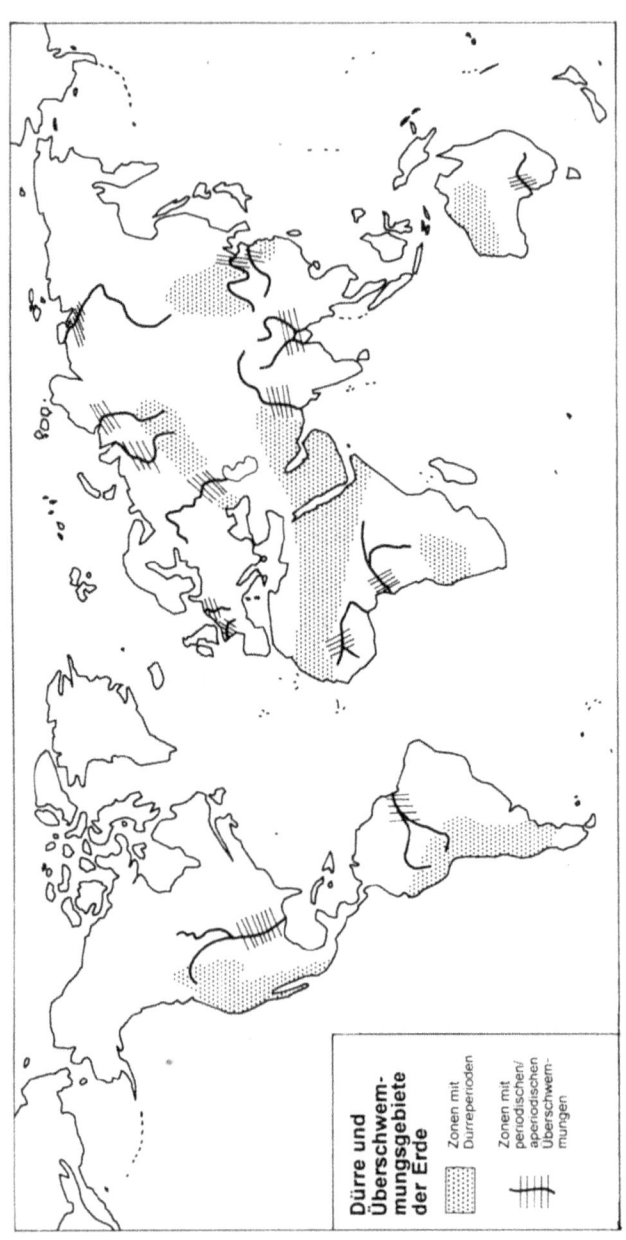

Wenn aber beispielsweise der starke Regen auf tiefgefrorenen Boden fällt, kommt es unweigerlich zum Hochwasser, weil nichts in der Erde versickern kann.

Die topographischen Gegebenheiten, das heißt, die Oberflächengestalt, im besonderen Gefälle und Talquerschnitt, entscheiden ebenfalls darüber, ob es beim Abfluß der Wassermassen zu gefährlichen Entwicklungen kommt.

Genaue Pegelmessungen an Flüssen für lange zurückreichende Zeiträume gibt es kaum, so daß die Vorhersagen und Wahrscheinlichkeitsberechnungen bei Überschwemmungskatastrophen keine sehr große Vergleichsbasis haben. Wenn auch für einige Standorte in Deutschland länger zurückreichende Beobachtungen vorliegen, wurde doch in den letzten Jahrzehnten und Jahrhunderten durch menschliche Einwirkung so viel am Verlauf der Flüsse verändert, daß kaum noch eine Vergleichsmöglichkeit gegeben ist. Durch Begradigungen z. B. sind die Durchlaufzeiten viel schneller geworden.

Für Überschwemmungen an Flußläufen in China sind die höchsten Menschenverluste überliefert, mehr als bei einem Vulkanausbruch, einem Erdbeben oder bei einer Flutkatastrophe an der Küste umgekommen sind: Am Jangtsekiang sollen 1931 eine Million, in Nordchina 1959 sogar zwei Millionen Menschen ertrunken sein.

Sekundäre Überschwemmungsschäden, neben den Verlusten an Menschenleben, betreffen die zerstörten landwirtschaftlichen Nutzflächen, den Verlust von Viehbeständen, von Vorräten oder Anlagen.

Die Hochkulturen der Menschheit entstanden in enger räumlicher Beziehung zu großen Strömen, die re-

---

◀ **Abb. 37.** Dürre- und Überschwemmungsgebiete der Erde. Die Zonen mit Dürreperioden sind gepunktet, die Überschwemmungszonen gestrichelt.

gelmäßig Überschwemmungen brachten: Beispiele sind Euphrat, Tigris und Nil. Der Strom brachte mit der Überschwemmung zugleich wichtige Bodennährstoffe, wie die blühende Landwirtschaft am Unterlauf des Nils in Ägypten seit Jahrtausenden zeigt. Es galt, den Zeitpunkt des Hochwassers zu erkennen und zu berechnen, und es zur Bewässerung zu nutzen.

Die leichte Zugänglichkeit und landwirtschaftliche Nutzbarkeit einer Tallandschaft in Flußnähe bringt sichere Wasserversorgung, aber auch das Risiko der Überflutung. Darum legte man früher die flußnahen Siedlungen gern in erhöhter Lage an, auf Hügeln und an Hängen, wo man während der Hochwasserzeit sicher und trocken saß. Auch die Straßen des Mittelalters verliefen, wenn möglich, hochwassersicher entlang der Höhenzüge, nicht entlang der Flüsse.

Mit zunehmender Bevölkerungsdichte wurden die Flußtäler für den Verkehr erschlossen, besiedelt und industrialisiert. Die Flüsse boten sich als Standort für große Betriebe an, als Lieferanten für Brauch- und Kühlwasser. Für die größeren Schiffe mußte das Flußbett begradigt und kanalisiert werden.

Die Hochwasserursachen können im Einzelfall folgende sein:

- Nach Stark- und Dauerregen kann die Kapazität des Flusses durch die zuströmenden Wassermassen erschöpft sein.
- Wenn nach einem schneereichen Winter die Schneeschmelze durch plötzliches Tauwetter abrupt eintritt, Regen dazukommt, oder der Unterlauf noch vereist ist, schwellen die Flüsse an.
- Dämme oder Deiche, die zum Schutz der Talebene angelegt wurden, können brechen.

Auf das Wettergeschehen, auf Schneeschmelze, Dauerregen oder Wolkenbrüche hat der Mensch keinen direkten Einfluß. Aber er greift auf verschiedene Arten in die Wasserführung der Flüsse ein: Durch die Bebauung der Fluß- und Seeuferzonen mit Wohnhäusern, Industrieanlagen und Straßen, durch die Versiegelung von Bodenflächen, durch Entwaldung und Flurbereinigung, durch die Beseitigung von Altarmen und Mäandern an den Flüssen hat sich das Risiko großer Überschwemmungsschäden stark erhöht. Hochwasser hat es in den klima-, boden- und standortbegünstigten Tallagen immer gegeben. Alte Chroniken und noch deutlicher die erhaltenen Hochwassermarken an historischen Stadttoren sind beredte Zeugen solcher Wassernöte. So stellte die Hochwassergefahr, die dem Harzvorland alljährlich drohte, einen Grund dar, die Talsperren im Harz zu bauen. Doch die so schnell wiederkehrenden Hochwasserkatastrophen an vielen unserer Flüsse lassen die Frage aufkommen, ob genug dagegen unternommen wurde – oder ob ein Zuviel an Eingriffen in die Natur die Katastrophen heraufbeschwört.

Fallbeispiele

Hochwasser an Donau, Rhein und Main

In Deutschland hat man im Verlauf der letzten Jahrzehnte an Donau und Rhein eine ganze Reihe von »Jahrhunderthochwassern« erlebt, obwohl die Hochwasserverbauung mit Dämmen doch schon seit 1894 an der Donau und seit 175 Jahren am Rhein (Korrektionen von J. G. Tulla) eine Hochwassersicherung erreichen sollte.

Eine große Hochwasserkatastrophe suchte Deutschland an Weihnachten 1993 heim, insbesondere am Mittel- und Unterrhein und an den Rheinzuflüssen, vor allem Mosel und Main. Im Stromsystem der Donau hatte der Fluß Regen extrem hohe Wasserstände aufzuweisen.

Schon 13 Monate später, im Januar 1995, erlitten Deutschland, die Niederlande, Belgien und Nordfrankreich ein neues »Jahrhunderthochwasser«. Wieder traten Rhein, Main, Mosel, Nahe und Maas über die Ufer. Auch die eher harmlose Fulda verwandelte sich in einen reißenden Strom und überflutete die Altstadt von Melsungen und viele Straßen in Kassel.

Donau

Im März 1988 erlebte die Bevölkerung zwischen Regensburg und Passau ein sehr gefährliches Hochwasser. Obwohl es nach dem Pegel bei Passau nicht an die Höchstwerte von 1845, 1850, 1852 und 1883 heranreichte, wuchs es durch Dammbrüche am Nordufer bei Straubing zur Katastrophe aus. 20 km^2 Land wurden überschwemmt und ganze Dörfer samt Vieh mußten geräumt werden.

Die betroffenen Dämme waren vom Reichsarbeitsdienst 1933–1942 zur Hochwassersicherung und Landgewinnung angelegt worden. Doch bereits im frühen 19. Jahrhundert waren die Talauen der Donau, wie beispielsweise das Donaumoos, trockengelegt und Flußschlingen durchstochen worden, um den Schiffsverkehr schneller und rentabler zu machen und zusätzliches Ackerland zu gewinnen. Im Interesse der Schiffahrt wurde in der Zwischenkriegszeit mit dem Einbau von Staustufen begonnen; auch Wasserkraftwerke wurden eingerichtet. Als Krönung des Ganzen kam dann der Rhein-Main-Donau-Kanal, der nach politisch bedingter Unterbrechung in den 1980er Jahren weitergeführt und 1992 bis Kelheim geflutet wurde. Im Vertrauen auf den bevorstehenden hochwassersicheren Ausbau im Rahmen dieses Kanalprojektes wurden die alten, primitiven Dämme aus der Vorkriegs- und Kriegszeit nur noch notdürftig und provisorisch ausgebessert oder verstärkt – der aus Bundesmitteln finanzierte endgültige Ausbau stand ja direkt vor der Tür. Gerade dieses »Vor-der-Tür-Stehen« brachte ein großes Risiko, und schließlich die Katastrophe, weil aus dem bereits ausgebauten Teilstück donauaufwärts der beschleunigte Abfluß auf die alten, schlecht gesicherten Dämme traf.

Die nördlichen Zuflüsse der Donau (Altmühl, Naab und Regen) entwässern Flachland und Mittelgebirge. Ihre Wasserhöchststände treten nach den Herbst- und Winterregen auf. Die südlichen Donauzuflüsse (Iller, Lech, Isar und Inn) haben dagegen ihre Maximalabflüsse aufgrund der Schneeschmelze in den Alpen im Sommer. »Jahrhunderthochwasser« kommen dann zustande, wenn sich die Maximalabflüsse der nördlichen und südlichen Zuflüsse durch zusätzlich abfließende langdauernde Starkregen überlagern.

Rhein

Am Rhein gab es, ebenso wie an der Donau und am Main (Abb. 38), 1988 im März ein Frühjahrshochwasser, weil in den meisten Teilen Mitteleuropas das Dreifache der sonst üblichen Niederschlagsmenge fiel, und die Schneeschmelze in den Mittelgebirgen zeitgleich dazukam.

Das Hochwasser erreichte in Köln die Höhe von 9,95 m und blieb damit noch gerade unter der kritischen 10-m-Marke. Die erstmals verwendeten, transportablen Schutzwände aus Stahl konnten die Altstadt vor der Überflutung bewahren. Der höchste Wasserstand des Rheins wurde in Köln 1926 mit 10,69 m gemessen.

Abb. 38. Überschwemmung bei Frickenhausen am Main 1988.

Der Rhein ist in den beiden letzten Jahrhunderten wie kaum ein zweiter Fluß »gebändigt« worden. Nach den Rheinkorrektionen von 1817–1880, nach Plänen des badischen Wasseringenieurs Johann Gottfried Tulla, kamen am Oberrhein im frühen 20. Jahrhundert weitere Korrekturen zugunsten der Schiffahrt hinzu. In den 1930er Jahren begann der Ausbau des Oberrheins zum Zweck der Energiegewinnung, der 1977 abgeschlossen war. Bereits 1978 stellte die seit 1968 bestehende *Internationale Rheinhochwasserkommission* fest, daß der technische Ausbau mit Staustufen ein erhöhtes Hochwasserrisiko mit sich bringt. Seit Beginn der Regulierung hat der Rhein durch die Trockenlegung und Kultivierung der Auen über 90 % seiner natürlichen Überschwemmungsgebiete verloren. Die ehemaligen Feuchtgebiete konnten so auf Dauer landwirtschaftlich genutzt werden und brachten hohe Erträge; sie boten neue, scheinbar hochwassersichere Siedlungsareale, und zugleich waren die Insekten- und Schnakenplagen der Sumpfgebiete ausgeräumt. Die Binnenschiffahrt, die eine umweltfreundliche Transportart ist, hatte den größten Nutzen von der Flußbegradigung und dem Schleusenbau; auch die ökologisch vertretbare Stromerzeugung durch Wasserkraft sprach für den Ausbau des Rheins. Man nahm dafür den Verlust der schönen Auenlandschaft in Kauf.

Doch in den begradigten und kanalisierten Flußbetten von Rhein und Mosel sammeln sich, mit großer Geschwindigkeit und hoch ansteigend, die Schmelzwasser und Abflüsse nach Starkregen, wobei die natürlichen Überlaufbecken der Auen und Altarme abgeriegelt sind. Beton und Asphalt lassen die Niederschläge schnell abfließen, denn diese können auf den versiegelten Flächen nicht mehr im Boden versickern. Auch die Bereinigung der Fluren, das Wegenetz, die Begradigung oder Verrohrung selbst der kleinsten Bäche und die Entwaldung wirken mit bei der Beschleunigung des Wasserablaufs.

Gefährlich erweist sich diese Beschleunigung bei Hochwasser. Die Hochwasserwelle des Oberrheins brauchte 1955 noch 65 Stunden von Basel bis Karlsruhe, inzwischen sind es durch den Rheinausbau weniger als 30 Stunden. Fatal ist dadurch das Zusammenfallen der Rheinhochwasser mit den Höchstwasserständen der Zuflüsse. Früher rauschten die Hochwasser von Neckar, Main und anderen Rheinzuflüssen nach langen Starkregen schon vor dem eigentlichen Rheinhochwasser stromabwärts; nach dem Ausbau fallen die Hochwasserstände zusammen. Das Risiko der Überschwemmung verschiebt sich vom sicherer gewordenen Oberrhein auf das Gebiet von Mittel- und Unterrhein. So hat dieser Fluß in den vergangenen 12 Jahren mehr Hochwasser gebracht als in den 120 Jahren zuvor.

Die Vergrößerung oder Wiedergewinnung von Rückhaltebecken und Retentionsflächen ist die wirksamste Maßnahme, um das Hochwasserpotential zu vermindern. Die Rheinanliegerländer sind schon vor Jahren übereingekommen, daß Rückhaltemöglichkeiten für 220 Millionen Kubikmeter Wasser zwischen Basel und Bingen geschaffen werden müssen. *Die Hochwasserschutzkommission für den Rhein* hat technische Maßnahmen (tiefe Taschenpolder) vorgeschlagen, die bei Hochwasser einen Teil des Wassers zurückhalten könnten. Da sie aber nur dann gefüllt werden, bedeutet das jedesmal eine Katastrophe für die dort ansässige Flora und Fauna. Doch die natürlichen Retentionsräume, die Auengebiete, sind nicht einfach zu renaturieren; das ist wirtschaftlich und politisch nicht machbar.

Leidtragende von Fehlentwicklungen und Planungsfehlern sind die Menschen, die in ehemaligen natürlichen Überschwemmungsgebieten, einer Fläche von mehreren Hundert Quadratkilometern, wohnen, und die befürchten müssen, daß ihre Häuser bei einem Bruch der Hauptdeichlinien von einer Flutwelle meterhoch unter Wasser gesetzt werden.

Im Dezember 1993 und bereits wieder im Januar 1995 stieg das Wasser in Köln weiter als 1988. Die Stahlwand konnte diesmal die Altstadt nicht vor der Überschwemmung schützen. Bei einem Pegel von weit über 10 m wurde sie, ebenso wie die südlichen Vororte, überflutet. Insgesamt 500 ha Stadtfläche standen unter Wasser und ca. 25000 Einwohner waren betroffen.

Auch in den niedrig gelegenen Stadtteilen von Bonn waren zahlreiche Straßen überflutet und die Bewohner teilweise in ihren Häusern gefangen. Das Bonner Regierungsviertel hatte besonders unter dem Hochwasser zu leiden. In die Schlagzeilen geriet im Dezember 1993 der sogenannte »Schürmann-Bau« im Parlamentsviertel. Der Rohbau des ursprünglich für die Bundestagsabgeordneten bestimmten, wegen des Umzugs nach Berlin aufgegebenen Bürogebäudes hatte sich wegen des Hochwassers um 70 cm gehoben, obwohl eine 2,5 m tiefe Spundwand das Aufschwimmen des Gebäudes unmöglich machen sollte. Ende November 1994, fast ein Jahr nach dem Eintritt des Schadens, stand das Wasser in den Kellergeschossen noch über 9 m hoch. Ein neuer Hochwasserschutz für den Rohbau wurde fertiggestellt, obwohl noch nicht einmal über Sanierung oder Abriß entschieden war. In der Öffentlichkeit fragt man sich, ob hier ein Planungsfehler, nicht nur ein Baufehler vorliegt, denn das Hochwasserrisiko im Parlamentsgebiet war hinlänglich bekannt.

Main

Ein hypothetisch nur alle 400 Jahre wiederkehrendes Hochwasser erlebte das mittlere Maintal 1784 (Glaser u. Hagedorn 1990). Nach einem sehr kalten und schneereichen Winter brachte Ende Februar ein plötzlicher Warmlufteinbruch, begleitet von heftigen Regenfällen, den Eisbruch des zugefrorenen Mains und eine schnelle Schneeschmelze. Durch den Eisstau begann das Wasser extrem rasch zu steigen. Die Eisschollen und mitgeführte Baumstämme wirkten wie Rammböcke und zerstörten viele Brücken und Häuser am Fluß, vor allem Mühlen.

Die Großwetterlage über Europa war in der letzten Februarwoche 1784 durch ein Tief mit warmer, feuchter Luft bestimmt, das durch ein Hoch über Mittel- und Osteuropa blockiert wurde, so daß es sich mit Tauwetter und starken Regenfällen voll auswirken konnte, und fast überall in Mitteleuropa Hochwasser und Überschwemmungen verursachte.

In Stadtchroniken und Ratsprotokollen sind die Verläufe und Schäden von Hochwasserkatastrophen festgehalten, besonders augenfällig sind Hochwassermarken an den flußwärts gelegenen Stadttoren, wie in Eibelstadt am Main.

Abb. 39. Hochwassersicherung der Gebäude an der Mainuferstraße in Würzburg.

Daß man sich auf die immer wiederkehrenden Mainhochwasser einstellen kann, zeigen die hochwassergesicherten Gebäudezeilen der flußnahen Straßen in Würzburg (Abb. 39). Wenn in überschwemmungsgefährdeten Lagen schon gebaut werden muß, sollten zumindest die Risiken berücksichtigt und Keller und Untergeschosse hochwassersicher errichtet werden, das heißt, ohne Fensteröffnungen und bodennahe Eingänge, sowie ohne Öltanks und empfindliche Installationen.

Außer in Baden-Württemberg sind Überschwemmungsrisiken üblicherweise nicht zu versichern, weil Hochwasser höhere Gewalt sind. Den Schaden trägt der Betroffene allein, er kann nur auf Soforthilfe und Steuererleichterungen hoffen.

Überschwemmungen in Bangladesch

Das dichtest bevölkerte Land der Erde hat von 1954 bis 1992 insgesamt 29 Überschwemmungen erlebt, von denen elf schwer und fünf katastrophal waren (Islam u. Kamal 1993). Neben den verheerenden Sturmfluten an der Küste, im Gefolge tropischer Wirbelstürme, sind die Überflutungen im Delta von Ganges und Brahmaputra ebenso wie lokale Schichtfluten auf den flachen Böden nach Starkregen gefährlich.

Die Überschwemmungen im Delta sind zur alljährlich wiederkehrenden Katastrophe geworden. Sie sind die Folge der jahrzehntelangen Umweltzerstörung durch Raubbau an den Wäldern in Nordindien und Nepal. Die Bevölkerungsexplosion führte zur ausgedehnten Abholzung, um Bau- und Brennholz zu schlagen und ackerbauliche Nutzflächen zu gewinnen. Die Wassermassen der Monsunregen strömen dadurch ungehindert die Berghänge hinab und reißen die fruchtbare Erde mit sich. Sie überschwemmen die Ebenen und füllen durch ihre Ablagerungen die Flußbetten immer mehr auf, so daß die Höhe der Flußdämme nicht mehr ausreicht. Die Regen versickern nur zu einem geringen Teil im Erdreich. Als Schichtfluten wälzen sich die Schlammströme kilometerbreit dem Meer zu. Alle Flutkontrolleinrichtungen, wie Dämme, Schleusen und Entwässerungskanäle, verlagern die Flutgefahr auf ungeschützte Regionen. Die Auseinandersetzung mit der Flutproblematik in Bangladesch war bislang vor allem technisch-ingenieurwissenschaftlich orientiert, zu kurz kamen dabei die sozialen und ökologischen Gesichtspunkte.

Mississippi-Hochwasser

Daß Dämme und Deiche eine trügerische Sicherheit bieten, erlebte die Bevölkerung entlang der Flüsse im Mittleren Westen der USA im Sommer 1993, als die zwischen Dämme eingespannten großen Flüsse Missouri, Illinois und Mississippi ihre »Zwangsjacken« sprengten. Die Strömung der auf das flache Ackerland, also die ehemaligen Auenflächen, herausbrechenden Wassermassen war so gewaltig, daß der fruchtbare Mutterboden weggeschwemmt wurde und tiefe Rinnen zurückblieben. Zahllose Häuserruinen direkt an den Flußufern demonstrieren, wie leichtfertig im Vertrauen auf die »bombenfesten Dämme« Baugenehmigungen erteilt wurden. Insgesamt 40.000 km^2 Land überschwemmten der mächtige Mississippi und seine Nebenflüsse. Die Überschwemmungsfläche sah im Satellitenbild wie ein neuer großer See aus. 47 Menschen starben, die Sachschäden werden auf 12 Milliarden US$ geschätzt.

Wie der Rhein, so wurde auch der wilde Mississippi im frühen 19. Jahrhundert gezähmt und erhielt Deiche und Dämme. Nach den großen Überschwemmungskatastrophen von 1927, mit über 200 Toten und 350 Millionen $ Sachschäden, erließ der Kongreß 1936 den »Flood Control Act« zur Hochwasserkontrolle des Mississippi und seiner Nebenflüsse. Für viele Milliarden Dollar wurden seitdem Deiche, Staudämme, Schleusen und Rückhaltebecken gebaut; die weiten Bögen des mächtigen Stroms wurden begradigt und gebändigt.

Die aus Lehm und Sand bestehenden Deiche waren 1993 wochenlang dem Hochwasser ausgesetzt, sie hatten sich vollgesogen wie Schwämme und waren weich wie Pudding. Erschwert wurde die katastrophale Situation durch die vielen verschiedenen Zuständigkeiten der Behörden und Institutionen für den Deichbau, wie auch bei

Abb. 40. Überschwemmung am Sacramento/Kalifornien.

den anschließend dringend nötigen Reparaturen der Deiche, denn schneereiche Winter und hohe Niederschläge im Frühjahr lassen die Gefahr wiederkehren.

Die Hochwasserkatastrophen in den USA 1930 und 1940 gaben übrigens den Anlaß für die ersten systematischen Forschungen an der Universität von Chicago zum Komplex der »Hazards« (White 1974).

Überschwemmungen in Italien

Arno

Unvergessen ist die Überschwemmungskatastrophe von Florenz Anfang November 1966, als nach Starkregen der Arno in kurzer Zeit bis auf 6 m anstieg, und er mit rasender Geschwindigkeit sein Zerstörungswerk in den engen Gassen des mittelalterlichen Stadtkerns vollendete. 113 Menschen verloren ihr Leben; auf 1,3 Milliarden US$ wurden die Sachschäden veranschlagt, die zerstörten einmaligen Kunstschätze sind unersetzlich.

Anfang November 1992 schien sich die Katastrophe zu wiederholen. Die Toskana erlebte innerhalb weniger Wochen die dritte Überschwemmung nach Starkregen. Am Stadtrand von Florenz trat der Arno über die Ufer, denn die vollgesogenen Böden konnten kein Wasser mehr aufnehmen. Dutzende von Autos wurden von den Fluten weggespült; Autobahn und Zuggleise waren unter Wasser. Doch die befürchtete Panik unter der Bevölkerung brach nicht aus, und glücklicherweise blieben die Kunstschätze unversehrt. Man warf der Regierung vor, seit der Katastrophe von 1966 sei nichts zur Vorbeugung gegen neue Überflutungen geschehen und die Zuflüsse des Arno seien zu Müllkippen verkommen.

Po

Häufiger als die Toskana werden in Italien die Gegenden um den Po von Hochwasser heimgesucht, vor allem Poebene und -delta: 1951 im November (100 Tote, 300 Millionen US$ Schaden), 1970 im Oktober (200 Millionen US$ Schaden) und 1977 im Oktober (150 Millionen US$ Schaden).

Anfang November 1994 erlebte Norditalien entlang des gesamten Flußlaufs, von Piemont und Ligurien über die Lombardei bis nach Venetien und Emilia-Romagna, ein »Jahrhunderthochwasser« mit 64 Toten und über 50 Vermißten, Tausenden von Obdachlosen und Milliardenschäden für Landwirtschaft und Industrie. Starkregen in den Südalpen und dem Apennin füllten sehr schnell die Zuflüsse des Po in den engen, abschüssigen Tälern. In der flachen Poebene liegen die Siedlungen nicht geschützt auf Hügeln, sondern hinter Dämmen.

Hier wurde erneut deutlich, daß es keinen absoluten Hochwasserschutz gibt und daß natürliche, zufällige Starkregenabflüsse aufgrund der Bebauung der Uferzonen zur Katastrophe werden können.

8 Katastrophen als Auswirkungen des Klimas

Dürre

Dürre bezeichnet eine außergewöhnliche Trockenheit, ausgelöst durch Niederschlagsdefizit, hohe Temperaturen und hohe Verdunstungsraten in einer Region, wo der Wasserhaushalt normalerweise eine landwirtschaftliche Nutzung – oder überhaupt Vegetation – möglich macht. Die Wasserknappheit folgt auf eine unzureichende Versorgung mit Niederschlägen über mehrere Jahre hinweg, die weit unter dem langjährigen Mittelwert liegen. Die Folgen der Dürre sind Ausfall der Ernteerträge und Weiden sowie Trinkwasserprobleme. Dürreperioden von längerer oder kürzerer Dauer gehören zum normalen Klimageschehen in semiariden Räumen und sind in erster Linie durch die hohe Niederschlagsvariabilität dieser Regionen bedingt. Jahre mit ausreichenden Regenfällen werden von extrem tockenen Perioden abgelöst; »fette und magere Jahre« nennt sie schon die Bibel.

Eine mehrjährige Dürre kann zu einer Dürrekatastrophe werden. Ihr Ausmaß hängt von der Bevölkerungsdichte, dem Migrationsverhalten der betroffenen Bevölkerung, dem System der Landnutzung und der Wasserversorgung ab. Die von der Dürre betroffenen Gebiete fallen für die Nahrungsmittelproduktion aus. Durch den

Abb. 41. Botswana und Namibia: Dürreschäden im Weidegebiet.

Bevölkerungsdruck und die politischen Entwicklungen, wie z. B. die Entstehung der postkolonialen souveränen Staaten in Afrika, sind die Möglichkeiten für nomadisches Ausweichen in andere Räume verbaut.

Ausgefallene Ernten und Fehlbestände an Vieh führen im Gefolge der Dürre zur Hungerkatastrophe. Der verzweifelte Versuch, trotz des zu geringen Wasserangebotes weiterhin Nahrungsmittel zu produzieren, bringt unbehebbare Schädigungen des Ökosystems mit sich und führt zur Desertifikation (Mensching 1990). Desertifikation bedeutet die Ausbreitung wüstenähnlicher Verhältnisse in Gebieten, wo sie aufgrund der Klimazone nicht naturgegeben sind. (Abb. 41).

Dürre und Desertifikation hängen eng zusammen, trotz ihrer verschiedenen Ursachen. Klimatisch bedingte Dürreperioden beschleunigen und verstärken die Desertifikationsprozesse, und die Wüstenbildung macht für die dort lebenden Menschen die Erscheinungen der Dürre noch gravierender.

Im Unterschied zu anderen Naturkatastrophen, die aus dem Erdinnern, aus der Atmosphäre oder der Hydrosphäre kommen, treten die Dürreperioden nicht als plötzliche Ereignisse auf. Sie kommen sehr langsam, dauern lange und wiederholen sich nach einiger Zeit. Auf wiederkehrende Ereignisse kann man sich einstellen, sich vorbereiten und anpassen, auch wenn der Zeitpunkt der nächsten Dürre nicht bekannt ist. Die Anpassungsfähigkeit an die Trockenheit und das Ausweichen der betroffenen Nomaden oder Halbnomaden war ein gutes Stück Katastrophenbewältigung.

Anders als bei Erdbeben, Vulkanausbrüchen, Überschwemmungen und Orkanen werden in Dürrezeiten keine Häuser oder Produktionsmittel zerstört, oder Menschen durch das Naturereignis selbst getötet. Die katastrophalen Auswirkungen von Dürreperioden entstehen aufgrund ihrer langen Zeitdauer und ihrer überregionalen Ausdehnung, so daß man ihnen nicht mehr durch Wanderung entgehen kann, und auch nicht ersatzweise Nahrungsmittel aus den Nachbarräumen beschaffen kann.

Als Trockengebiete sind ca. 30 % der Festlandsfläche der Erde anzusehen. Sie sind durch dauernde Wasserknappheit (geringe Niederschläge, starke Verdunstung) und hohe Schwankungen in der Niederschlagsmenge (Variabilität) gekennzeichnet. Die Trockengrenze, wo sich Niederschlag und Verdunstung entsprechen, trennt humides Klima (feucht; Niederschlag ist größer als die Verdunstung, deshalb Abfluß) und arides Klima (trocken; Niederschlag geringer als die mögliche Verdunstung). Im semiariden Klima können die Niederschläge für 3–5 Monate im Jahr größer sein als die Verdunstung.

Die Gefahren der Dürre bestehen in den ariden und semiariden Gebieten der Erde.

Die Trockengebiete haben ihre größte Ausdehnung im Einflußbereich der sub- und randtropischen Hochdruckgebiete um den nördlichen und südlichen 30. Breitengrad, der Zirkulationszone der trockenen Passatwinde. Der wolkenlose Himmel bringt tagsüber hohe Temperaturen und hohe Verdunstung, nachts starke Abkühlung.

Bei der Dürre gilt noch mehr als bei Überschwemmung und Hochwasser, daß der Mensch durch sein Dasein und sein Handeln die Entstehung und das Ausmaß der Katastrophe beeinflußt. Durch nichtangepaßte Verhaltens- und Nutzungsweisen trägt er wesentlich zum Vordringen der Wüstengebiete in semiaride Räume bei und bereitet so der Desertifikation den Weg.

Wegbereiter für Dürrekatastrophen sind die explosionsartige Bevölkerungszunahme im letzten Jahrhundert, die Zerstörung der natürlichen Vegetation durch Überweidung oder durch Trockenfeldbau jenseits der Trockengrenze, das Abholzen von Bäumen und Büschen, die Ausbeutung der Grundwasservorräte durch zu viele Brunnen, sowie die Anlage von festen Siedlungen mit intensiver Landwirtschaft statt des früheren Nomadenlebens.

Sahelzone

Prädestiniert für Dürre- und Hungerkatastrophen ist die Sahelzone, die sich am Südrand der Sahara als 6000 km langer und 300 km breiter Streifen erstreckt und weit über 40 Millionen Menschen umfaßt. Die durchschnittlichen Niederschläge von 100–500 mm pro Jahr kommen sehr unregelmäßig. Der Landschaftstyp der Dornensavanne mit dem Charakter einer Halbwüste reicht vom Westrand der Sahara bis zum Nil und ist geprägt durch ein hohes Maß an Risiken für Leben und Wirtschaften.

Dürreperioden waren in der Sahelzone immer schon vorgekommen. Die nomadischen oder halbnomadischen Stämme wichen mit ihren Herden dann in weniger bedrohte Gebiete aus. Doch im 20. Jahrhundert hat sich die Zahl der Viehhalter verdoppelt, und die Herden als Zeichen des sozialen Status wuchsen. Außerdem drangen seßhafte Bauern mit ihrem Hirseanbau bis weit in das Gebiet der Altdünen vor und engten die traditionelle, dem Klima gut angepaßte nomadische Weidewirtschaft ein. Eine Reihe von Jahren mit guten Niederschlägen ermutigte zur ackerbaulichen Nutzung über die Trockengrenze hinaus. Brunnenbohrungen verbesserten kurzfristig das Wasserangebot, doch auf lange Sicht wurden die Grundwasservorräte überbeansprucht. Als die Niederschläge ab 1970 plötzlich zurückgingen oder ganz ausblieben – bei der Variabilität in diesem Gebiet an sich nicht außergewöhnlich – konnten die Hirsebauern nicht mehr in ihre früheren Siedlungsräume zurück, weil sie längst von anderen Gruppen belegt waren. Es wurde trotz Wassermangels und ständig sinkender Erträge weiter Hirse angebaut; die Anbauflächen wurden ausgedehnt, um überhaupt etwas zu ernten. So verstärkte sich die Desertifikation, der Teufelskreis hatte sich geschlossen.

Die Dürreperioden wurden zu massiven Hungerkatastrophen für den gesamten Sahelgürtel; über 100000 Menschen sind verhungert, so schätzt man. Seit zwei Jahrzehnten berichten das Fernsehen und die Printmedien eindrucksvoll und mitleidheischend vom grauenvollen Hunger im Sahel. Flüchtlingselend, Hungerlager, sterbende Kinder appellieren an das Gewissen der Welt. Die Bauern ohne Felder und die Nomaden ohne Herden wirken wie ausgeliefert an internationale Hilfsorganisationen, aber die Hilfe mit Nahrungsmitteln, Saatgut oder Brunnenbohrungen erscheint wie das Kurieren der Symptome, nicht der Krankheit selbst. Die Übervölkerung hat die natürlichen Ausgleichsmechanismen der Anpassung an Dürrezeiten – das Ausweichen in nicht betroffene Gebiete– zunichte gemacht. Die Allgegenwart der Dürre im gesamten Sahel ist jedoch durch Mobilität allein nicht zu überwinden. Erschwerend oder verhindernd erweisen sich für nomadische Ausweichwanderungen die Staatsgrenzen der aus den ehemaligen Kolonien entstandenen souveränen Staaten.

Schlimme Dürrekatastrophen in der Sahelzone wüteten schon 1911–14, 1923–26, 1931–34, 1944–48. Damals waren die Kolonialmächte noch zuständig und halfen, je nach der Botmäßigkeit der einzelnen Stämme. Die postkolonialen afrikanischen Staaten erreichen über die UNO die Weltöffentlichkeit und Katastrophenhilfe.

Dabei geht es in den Hungerkrisen nicht nur um das nackte Überleben, sondern um die längerfristige Existenzsicherung. Erstrebenswert wäre ein stärkeres Verantwortungsbewußtsein der reichen arabischen Erdölländer für die übervölkerten, hungernden Länder im Sahelgebiet.

USA

Die Vereinigten Staaten erlebten in den 1930er Jahren eine große Dürrekatastrophe im mittleren Westen, als die schon von der Weltwirtschaftskrise angeschlagene Landwirtschaft aufgrund des Wassermangels Ernteausfälle erlitt. Bodenerosion durch Windverwehung (»Dust Bowl«) machte die Katastrophe komplett und führte zur Abwanderung vieler Farmerfamilien.

Bereits in der 1890er Jahren waren in den »Great Plains« Dürrejahre aufgetreten, doch die reichlichen Niederschläge in den ersten drei Jahrzehnten des 20. Jahrhunderts verleiteten zu euphorischer Fehleinschätzung und Mißachtung der Grenzsituation für den Ackerbau. Als der Regen lange ausblieb, zerfiel die Erde zu Staub, und weil die Vegetationsdecke zerstört war, bliesen heftige Nordwinde in Staubstürmen die fruchtbare Bodenschicht weg. Erst ab 1941 gab es in den »Great Plains« wieder gute Ernten, nachdem es dann einige Jahre ausreichend geregnet hatte. Eine neue Dürreperiode suchte 1976/77 vor allem das Central Valley in Kalifornien heim.

Die Reaktionen auf Dürrekatastrophen und Winderosion sind dürreresistente Pflanzenzüchtungen und das wechselweise Brachliegen der Ackerflächen, so daß sich die Niederschläge von zwei Jahren für eine Ernte sammeln können. Die Anlage von Windschutzstreifen quer zur Hauptwindrichtung und die bessere Bodenbedeckung, durch den Wechsel von Ackerfrucht und Gras, bieten dem Wind weniger Angriffsmöglichkeiten.

Australien

In den letzten 100 Jahren hat die Variabilität der Niederschläge mindestens acht großräumige Dürreperioden in Australien verursacht. Diese erzwangen den Rückzug der Landwirtschaft aus kritischen Gebieten oder lösten staatliche Gegenmaßnahmen aus, wie z. B. die Förderung der Bewässerungslandwirtschaft, des sogenannten »Contour-Draining«, für bessere Wasserspeicherung und Erosionsschutz.

Wenn Dürrezeiten die Grenzen landwirtschaftlicher Möglichkeiten (Grenzen für Ackerbau oder Schaf- und Rinderherden) aufzeigten, wurde der Weizenanbau aufgegeben, die Flächen der Erosion ausgesetzt, die Herden notgeschlachtet, oder sie mußten verdursten. Im Unterschied zur Sahelzone verhungert man nicht in Australien, das menschenleere Land hat Platz genug. Ruiniert oder um eine Enttäuschung bzw. Erfahrung reicher zieht der Farmer weiter, versucht sein Glück anderswo erneut oder sucht sich einen Job in der Stadt.

Die schwersten Dürreperioden erlebte Australien von 1967–1969 und von 1981–1983, als alle Bundesstaaten Australiens betroffen waren. Als Gegenmaßnahme sah die Regierung den Bau von neuen Staudämmen und Wasserreservoirs vor.

Waldbrände und Buschfeuer

Brandkatastrophen stehen zumeist in enger Verbindung mit dem Naturereignis der Dürre. Nach monatelanger oder jahrelanger Trockenheit fallen immer wieder riesige Wald- und Buschareale den Flammen zum Opfer. Beispielsweise verbrannten 1975 nach langer Trockenheit in Niedersachsen riesige Waldflächen; der Versicherungsschaden wird mit 15 Millionen DM angegeben. Außer der Zerstörung der Pflanzen- und Tierwelt werden auch Siedlungen bedroht oder vernichtet.

Die meisten Wald- und Buschbrände entstehen durch Blitzschlag bei Gewitter, wenn nicht genug Regen fällt, um das Feuer sofort zu löschen. Doch oft genug sind auch Fahrlässigkeiten bei Lagerfeuern oder beim Grillen die Ursache. Von Feuerteufeln oder Brandstiftern, oft im Interesse von Grundbesitzern, werden Feuer auch absichtlich gelegt. Im mediterranen Raum brennen alljährlich im trockenen Sommer Tausende Hektar Wald, der dann auf diese Weise einfach und schnell zu erwünschtem Bauland wird.

Durch Ansiedlung in extrem brandgefährdeten Gebieten, wie z. B. inmitten von Baumbestand oder an steilen Hängen mit guter Aussichtslage, zeigt sich die Mitwirkung des Menschen an Waldbrandkatastrophen.

Australien

In Australien waren Wald- und Buschfeuer ganz natürlich. Die Aborigines kamen Zehntausende von Jahren gut damit zurecht. Die Pflanzenwelt Australiens hat sich diesen Bränden angepaßt. Manche Samenkapseln müssen in der Glut gleichsam geröstet werden, ehe sie platzen und die Samen zu keimen beginnen. Die Rinde ausgewachsener Eukalyptusbäume schützt das Holz: Solange das Feuer nicht bis in die Baumwipfel kommt, ist dieser Schutz ausreichend. Schwarzverbrannte Stämme schlagen schnell wieder aus. Den urweltlich anmutenden, sehr langsam wachsenden Grasbäumen kann das Feuer ebenfalls wenig anhaben.

Im tropischen Norden Australiens pflegten die Aboriginesstämme im Mai, wenn der Boden noch etwas feucht war von der nassen Jahreszeit, den Wald bewußt anzuzünden, um das hohe Gras des Sommers und die Schichten abgeworfener Rinde am Boden zu verbrennen. Diese reinigenden Feuer schadeten nicht, sie brachten Dünger, und sie verbrannten die Bäume nicht, weil diese noch nicht ausgetrocknet waren. Auf diese Weise beugten die Ureinwohner den vernichtenden Feuerwalzen in der trockensten Zeit vor. Das brennbare Material am Boden war vorher schon beseitigt.

Dieses »kontrollierte« oder »kalte Feuer« wird in weiten Gebieten Australiens immer noch als Brandvorsorge von den Forstbehörden durchgeführt, meist aus der Luft durch abgeworfene Sprengkapseln. Die Witterung, speziell die Windrichtung, wird dabei genau beobachtet. Die Feuer werden so gelegt, daß sie aufeinanderzubrennen und sich dadurch selbst löschen (Abb. 42).

Wenig dagegen wird für den Brandschutz in der Umgebung der weitausgreifenden Vorstadtsiedlungen getan, die durchweg aus Einfamilienhäusern mit Gärten

Abb. 42. Australien: Vorbeugendes Abbrennen, um unkontrollierbare Buschfeuer zu verhindern.

bestehen und sich in unendlicher Ausdehnung entlang der Küste und im Hinterland erstrecken. Der Australier schätzt es sehr, im Grünen zu wohnen, umgeben von Bäumen, und mit Vorliebe am Hang –mit Panoramablick auf den Strand. Hier fehlt das Risikobewußtsein, das Gefühl für die Brandgefahr.

Sehr gefährlich sind Waldbrände für die exotischen Kiefern, die in Australien und besonders in Neuseeland sehr gut gedeihen, aber durch ihren hohen Harzgehalt wie Fackeln verbrennen und nicht die Regenerationsfähigkeit ausgewachsener Eukalypten haben.

Überall in den durch Buschfeuer gefährdeten Gebieten wird versucht, durch Hinweise und Appelle in Form von Anzeigetafeln sowie durch Gesetze, die zu bestimmten Zeiten offenes Feuer strikt untersagen, das Gefahren- und Verantwortungsbewußtsein der Bevölkerung zu wecken. Doch am Ende von langen Trocken- und Dürrezeiten tragen Stürme aus dem heißen Landesinnern kleine, durch Blitzschlag entstandene Brandherde als riesige Flächenbrände durch die ausgedörrte Landschaft. Das dürre Gras und die ätherischen Öle der Eukalypten sorgen dafür, daß, von den Windböen angefacht, wahre Feuerwalzen entstehen, die kaum aufzuhalten sind.

1994, wenige Wochen nachdem Sydney als Veranstaltungsort für die Olympischen Sommerspiele 2000 ausgewählt worden war, und die Vorbereitungen, Planungen und ersten Baumaßnahmen bereits auf Hochtouren liefen, brachen am Zweiten Weihnachtstag im hochsommerlichen Australien kleine Buschbrände aus, die vom Wind so angefacht wurden, daß nach wenigen Tagen große Waldgebiete im Hinterland der New-South-Wales-Küste lichterloh brannten. Dem Feuer war nicht beizukommen, obwohl über zehntausend Feuerwehrleute, Soldaten und Freiwillige Tag und Nacht im Einsatz waren. Die trockenheißen Winde aus Nordwesten, aus dem glühenden Landesinnern, peitschten die Flammen immer weiter, auch nach Norden über die Grenze nach Queensland. Über 600000 ha Land waren vom Feuer betroffen: Wälder, Weidegebiete, Ackerflächen und die Naturschutzgebiete der Nationalparks mit ihrer einmaligen Flora und Fauna. Vom Feuer erfaßt wurden auch große Teile des »Royal National Park«, des ältesten australischen Nationalparks und weite Bereich der berühmten Blue Mountains. Tagelang war Sydney in eine dunkle Wolke von Qualm und Rauch gehüllt; nur noch wenige Kilometer trennten das Feuer von der City. Am nördlichen Stadtrand wurden mehr als 300 Häuser ein Raub der Flammen, und man befürchtete für Tausende anderer Häuser das Schlimmste. Am 10. Januar unterstützte auftretender Nieselregen die Arbeit der Feuerwehren, und der Wind als Hauptübeltäter flaute ab.

Der Sachschaden wurde in ersten Schätzungen mit 360 Millionen US$ beziffert; über 20000 Personen waren

Abb. 43. Australische Eukalyptusbäume treiben nach einem Waldbrand bald wieder aus.

evakuiert worden; viele Verletzte mit Rauchvergiftungen und Brandwunden mußten behandelt werden. Das Feuer vom Jahresbeginn 1994 forderte vier Menschenleben, darunter zwei freiwillige Feuerwehrmänner. Trotz aller Schäden war die Katastrophe noch glimpflich abgegangen.

Wenige Monate nach dem großen Feuer schlugen die verbrannten Eukalyptusbäume in den Blue Mountains wieder aus. Auf den schwarzen Stämmen saßen grüne junge Zweige und Blätter (Abb. 43).

Wesentlich höher als im Januar 1994 waren die Menschenverluste bei den früheren Waldbrandkatastrophen im Südosten Australiens gewesen. 1967 forderte ein Buschfeuer in Tasmanien 67 Menschenleben und richtete einen Sachschaden von 20 Millionen $ an. Jeweils am Aschermittwoch 1980 und 1983 brachen in Südaustralien und in Victoria verheerende Buschbrände aus. An immer neuen, gleichzeitigen Feuerfronten kämpften Feuerwehren, Freiwillige und Militär. Zwölf Feuerwehrleute wurden von Flammenwänden eingeschlossen und tot unter ihrem Löschfahrzeug gefunden. Insgesamt starben 1983 am »Black Wednesday« 71 Menschen. Besonders heftig wüteten die Flammen in den Bergen im Osten von Adelaide, wo sich wohlhabende Leute in naturnaher Lage auf großen Grundstücken ihre Wohnsitze errichtet hatten. In Victoria wüteten die Feuer östlich, nördlich und westlich der Hauptstadt Melbourne, vor allem in den waldreichen Dandenongs, einem beliebten Erholungs- und Villengebiet, und an der reizvollen Südwestküste, wo ebenfalls viele Ferienorte betroffen waren. Über 2000 Häuser verbrannten in der Umgebung Melbournes. Wegen der Rauchwolken mußte sogar der Flughafen gesperrt werden. Eine ähnliche Brandkatastrophe hatte der Südosten Australiens 1939 erlebt. Damals waren 71 Menschen in den Flammen umgekommen.

USA

Im Westen der USA gab es im September 1987 in acht Bundesstaaten verheerende Waldbrände. Besonders schlimm betroffen war Kalifornien, wo am Westrand der Sierra Nevada der Rauch wie eine Nebelwand stand, sowie die Nachbarschaft des Yosemite-Nationalparks.

Waldbrände sind in den trockenen Bergen Kaliforniens nicht ungewöhnlich. Von Mai bis September regnet es hier nicht, und täglich brennt die Sonne vom wolkenlosen Himmel auf die Busch- und Waldgebiete und dörrt sie aus. Im September dringen dann feuchte Luftmassen vor und toben sich als schwere Gewitter über den Bergen aus. Blitze entzünden den ausgetrockneten Wald, und nicht immer fällt genug Regen, um die Flammen sofort zu löschen; trockene Gewitter sind hier häufig.

Die Waldbrände vernichten die Pflanzen- und Tierwelt. Der Boden ohne die schützende Vegetationsdecke wird sehr schnell abgetragen. Gegen Brände vorsorgen kann man mit breiten Brandschneisen und Kahlschlagflächen entlang der Stromleitungen. Auch zu bebauten Gebieten müssen unbedingt breite, baumlose Sicherheitsabstände angelegt werden; doch auf diesen kahlen Brandschutzstreifen ist die Bodenerosion sehr groß. Wenn der Waldbrand auf bebaute Gebiete übergreift, hinterläßt er von den leicht entflammbaren Bungalows nicht viel mehr als einen Haufen Schutt und Asche.

Am 7. September 1988 wurde fast die Hälfte des riesigen Yellowstone-Nationalparks von einem gewaltigen Waldbrand heimgesucht. Acht Feuer, nach langer Trockenheit von Blitzen entzündet, zogen durch die Waldgebiete. Die Feuerwände hatten das Gebiet um den »Old Faithful Geysir« eingekreist. 24 Gebäude der Touristensiedlung wurden das Opfer der Flammen. Im Norden des Parks raste ein tornadogleicher Feuersturm. Seit dem frühen 18. Jahrhundert hatte es in dieser Region keine solche Feuerkatastrophe gegeben. Seit 1972 versucht man nicht mehr, wie früher die Feuer im Nationalpark zu bekämpfen. Man respektiert die wichtige ökologische Rolle, die das Feuer in der Natur spielt.

9 Katastrophen durch extraterrestrische Einwirkungen

Tagtäglich fallen unzählige, meist winzig kleine Meteoriten auf die Erde. Sie werden von Radarschirmen und Satelliten registriert. Lichterscheinungen am Himmel zeigen an, daß Himmelskörper in die Erdatmosphäre eintreten und sich durch die Reibung so stark erhitzen, daß sie verglühen oder explodieren. Gefundene Meteoriten sind zumeist Bruchstücke größerer, vor dem Aufprall zerplatzter Himmelskörper.

In historischer Zeit haben Meteoriteneinschläge keine Katastrophen verursacht. Bei der heutigen dichten Bevölkerung der Erde könnte der Aufschlag eines Meteoriten allerdings katastrophale Folgen haben. Wie die Mehrzahl der ca. 500 winzigen, alljährlich auf die Erde niedergehenden Himmelskörper würde ein großer Meteorit mit höherer Wahrscheinlichkeit ins Meer stürzen und nicht auf Festland, weil die Erdoberfläche zum größeren Teil mit Wasser bedeckt ist. Im Meer aber würde ein solches (hypothetisches) Naturereignis gewaltige Flutwellen hervorrufen. Diese Vorstellung wird herangezogen, um die in vielen Mythologien überlieferte Geschichte von der großen Flut, der biblischen Sintflut, zu erklären.

Meteoritenfragmente

Beobachtet wurde 1492 der Einschlag des Steinmeteoriten von Ensisheim im Elsaß, der dort noch im Rathaus verwahrt wird. Im Norden Namibias bei Grootfontein schlug ein Eisenmeteorit, der nach der Farm »Hoba« benannt wurde, einen nur 1,5 m tiefen Krater in den Kalkboden. Andere Fragmente großer Meteoriten wurden in Australien gefunden, so bei Mundrabilla in der Nullarborebene.

Meteoritenkrater

Meteoritenkrater haben sich relativ gut in der menschenleeren Weite des australischen Landesinnern erhalten. Hier wirkt das aride Klima der Erosion entgegen, so daß die Aufschlagsstellen noch nach Jahrtausenden und Jahrmillionen gut zu erkennen sind.

Bei Henbury, südlich von Alice Springs im Nordterritorium, liegen auf einer Fläche von 20 Hektar 13 kleinere Meteoritenkrater. Der größte davon mißt 183 m im Durchmesser und ist 12 m tief, der kleinste ist nur 6 m breit. Die Krater, die durch einen vor dem Aufprall explodierenden Himmelskörper verursacht wurden, enthalten aufgrund der dabei entstandenen glühenden Hitze geschmolzenes Gesteinsmaterial. Der Henburykrater wurde 1931 entdeckt. Der Einschlag dürfte recht jung sein. Er wird vor 2000–3000 Jahren angesetzt, und hat wohl Spuren in den Mythen der hier beheimateten Ureinwohner hinterlassen.

Ein über 13 km weiter Krater in den westlichen Mac Donnell Ranges bei Alice Springs, genannt »Gosses Bluff«, ist sehr viel älter (Abb. 44). Vor über 100 Millionen Jahren, nimmt man an, sei er von einem riesigen

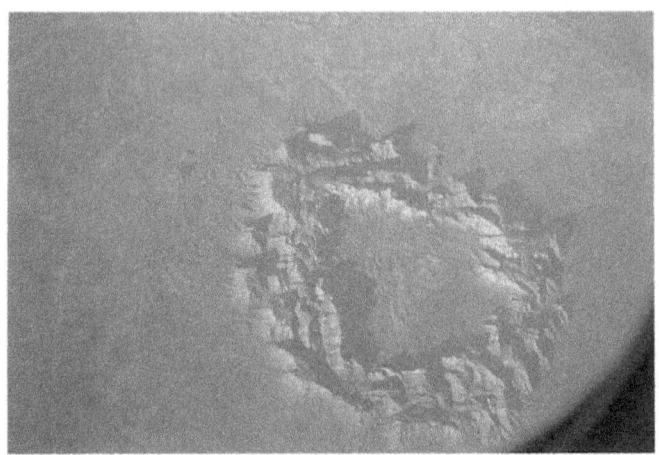

Abb. 44. Der Meteoritenkrater »Gosses Bluff« westlich von Alice Springs, Australien.

Himmelskörper geschaffen worden. Die ursprünglich sehr viel höheren Außenwände des Einschlagkraters wurden im Laufe der Zeit abgetragen, und die Kratermitte füllte sich mit Verwitterungsschutt. Doch in den weiten Ebenen Zentralaustraliens wirken die hohen Sandsteinwälle immer noch sehr imponierend. 1872 bereits wurde »Gosses Bluff« entdeckt. Seine Entstehung wurde lange Zeit auf einen Gasvulkanausbruch zurückgeführt, doch Satellitenfotos bestätigen eindeutig die Theorie des Meteoritenkraters.

Im halbwüsten Norden Westaustraliens, in der östlichen Kimberleyregion, liegt der Wolf-Creek-Krater, ein erst 1947 vom Flugzeug aus entdeckter, kreisrunder Meteoritenkrater mit 853 m Durchmesser. Die Kraterwände sind nur wenig abgetragen. Der Einschlag dieses Eisenmeteoriten, der durch Oxidationsprodukte nachgewiesen wurde, liegt ein oder zwei Millionen Jahre zurück.

Zu den besterforschten Meteoritenkratern gehört der nach dem benachbarten Canyon »Diabolo« benannte Krater im semiariden Arizona. Er hat einen Durchmesser von fast 1300 m. Im Umkreis des noch 170 m tiefen Kraterbodens wurden Überreste des Meteoritenmaterials, nämlich Eisennickellegierungen, gefunden. Doch der gesuchte Hauptkern war nie zu finden. Er ist bei oder vor dem Aufschlag in der unvorstellbaren Hitze verdampft und zu einer glühenden Gaswolke geworden.

Der uns am nächsten gelegene Meteoritenkrater ist das Nördlinger Ries in Bayern. Es mißt fast 25 km im Durchmesser und wurde lange als Caldera eines eingebrochenen Vulkans angesehen. Das im Bereich des Kraters gefundene Suevit (= umgeformtes, teils geschmolzenes Grundgestein) wurde vor allem von amerikanischen Wissenschaftlern der NASA erforscht und in enge Beziehung zur Mondmaterie gestellt. 1973 wurde im Ries eine Forschungsbohrung bis in 1200 m Tiefe durchgeführt. Dabei fand man unter der seit dem Aufprall des Meteoriten angesammelten, über 300 m dicken Sedimentschicht die durch den Einschlag hervorgerufenen Gesteinszertrümmerungen und -umwandlungen. Sie reichen wohl noch viel tiefer als die 1200-m-Bohrung hinab. Das vor ca. 15 Millionen Jahren angesetzte Naturereignis hatte für die damalige Umwelt katastrophale Auswirkungen: Pflanzen und Tiere im weiten Umkreis wurden vernichtet, und der Untergrund im Einschlagszentrum bis in große Tiefen völlig umgeformt.

Ein Meteoriteneinschlag in neuerer Zeit ist wohl am 30. Juni 1908 in Sibirien erfolgt, am Oberlauf des Tunguska, einem Nebenfluß des Jenissei. Eine sonderbare Explosion machte sich vorher mit Lichterscheinungen bemerkbar. Auf Seismo- und Barographen wurden Ausschläge registriert, das heißt, es waren Luftdruck- und Erdbebenwellen festzustellen. Von einem Zug der transsibirischen Eisenbahn aus wurde ein sonnengroßes Objekt am Himmel wahrgenommen, dazu ein gewaltiger Explosionsknall, der den Lokführer zum Anhalten veranlaßte. 800 km entfernt in Irkutsk glaubte die Bevölkerung an ein Erdbeben.

Als nach einer Reihe von Jahren in der menschenleeren Wildnis Sibiriens Untersuchungen angestellt wurden, fand man im Umkreis von 65 km verkohlte oder von der Druckwelle nach außen umgeworfene Bäume, doch keinen Einschlagskrater oder Meteoritenmaterie. Aber die Beobachtungen und die instrumentellen Aufzeichnungen der Druckwellen bestätigen die Realität dieser rätselhaften Erscheinung.

10 Katastrophenvorsorge

Internationale Dekade für die Vorbeugung von Naturkatastrophen (IDNDR)

Beim Blick auf die Verteilung der verlustreichsten Naturkatastrophen fällt sofort auf, wie sehr gerade die Entwicklungsländer – schon aufgrund ihrer geographischen Lage – von Naturrisiken bedroht sind. Die wohlhabenden Industriestaaten bleiben von solchen Gefährdungen entweder dank ihrer Lage weitgehend verschont, oder sie haben gelernt, sich vor der Bedrohung zu schützen. So z. B. Japan, das durch rigorose Bauvorschriften der Erdbebengefahr entgegenwirkt, Schutzwälle gegen die gefürchteten Tsunamis errichtet und Vulkane akribisch überwachen läßt.

In Ländern der Dritten Welt dagegen kommen immer wieder Zehntausende durch Sturmfluten oder Überschwemmungen im Binnenland ums Leben, wie z. B. in Bangladesch; im Sahel verhungern nach immer wiederkehrenden Dürreperioden unzählige Menschen; in Kolumbien sterben sie in Schlammlawinen nach Vulkanausbrüchen oder bei Hangrutschungen, weil Warnungen nicht ankommen und Vorsorgemaßnahmen nicht vorhanden sind oder nicht greifen.

Im Vergleich kosten katastrophale Naturereignisse in den hochentwickelten Ländern enorm viel Geld; die volkswirtschaftlichen Schäden sind sehr groß. Das war nach dem Hochwasser des Mississippi 1993 zu sehen und ist nach den dort fast regelmäßig einfallenden Hurrikanen immer wieder der Fall. Die Versicherungsprämien müssen dem Ausmaß des Schadens entsprechend ständig höher gesetzt werden.

In den Entwicklungsländern dagegen sterben unendlich viele Menschen an den Folgen von Naturereignissen, und mühsam erreichte Fortschritte werden zunichte gemacht. Deshalb muß es im Interesse der Geberländer von Entwicklungshilfe liegen, daß die von ihnen geförderten Projekte unter möglichst katastrophenresistenten Bedingungen durchgeführt werden.

1989 hat die *Generalversammlung der Vereinten Nationen* die 1990er Jahre zur »Internationalen Dekade für die Vorbeugung von Naturkatastrophen« (International Decade for Natural Disaster Reduction, IDNDR) erklärt.

In Deutschland hat sich das interdisziplinär ausgerichtete *Deutsche IDNDR-Komitee* als eingetragener Verein konstituiert, in dem neben den großen Hilfsorganisationen auch Wirtschaft, Politik und Medien vertreten sind. Es gibt einen *Operativen Beirat*, bestehend aus staatlichen und nichtstaatlichen Hilfsorganisationen und einen *Wissenschaftlichen Beirat*, in dem Wissenschaftler aller Fachrichtungen ehrenamtlich mitarbeiten, um Forschungen zur Katastrophenvorbeugung zu intensivieren, zu koordinieren und im internationalen Austausch anderen Ländern zur Verfügung zu stellen.

Auf der UN-Konferenz in Yokohama im Mai 1994 wurde eine Halbzeitbilanz erstellt, wobei unter anderem ein Kataster der wissenschaftlichen Forschungen im Bereich der Katastrophenvorbeugung zur Verfügung gestellt wurde. Als Ziele für die Jahrtausendwende wurden angepeilt: Nationale Risikoabschätzungen und ihre Einbeziehung in Entwicklungspläne; nationale und lokale

Strategien inklusive langfristiger Vorsorgemaßnahmen; allgemeine Vefügbarkeit der Daten von Frühwarnsystemen und die flächendeckende Verbreitung der Warnungen.

Bei den in diese Projekte einfließenden Forschungen und Erfahrungen soll es nicht nur um natur- und ingenieurwissenschaftliche oder technische Fragen gehen; wichtig sind bei der Katastrophenvorsorge und -hilfe auch psychologische und soziologische Aspekte, denn die Katastrophen verursachen primär menschliches Leid, seelische Belastungen und zerstören soziale Bindungen. Man muß die sozialen Faktoren verstehen und berücksichtigen, wenn man die Auswirkungen von Katastrophen lindern oder beheben will.

Umweltbewußtsein als Vorsorge

Man kann lange darüber streiten, ob die Naturkatastrophen häufiger werden, und ob bedingt durch den Treibhauseffekt etwa die Sturmkatastrophen zunehmen. Unbestreitbar ist, daß die Anfälligkeit der menschlichen Gesellschaft für die Auswirkungen von Naturereignissen größer geworden ist. Unübersehbar ist auch der Zusammenhang zwischen Armut, Umweltzerstörung und Katastrophen. Deshalb bringen perfekte technische Errungenschaften in Entwicklungsländern keine Lösung. Die explodierende Bevölkerung besiedelt traditionell unbewohnte, sehr risikobelastete Gebiete, ohne sich der Gefahr bewußt zu sein. Der rücksichtslose Umgang mit der Natur (Bodenübernutzung, Entwaldung usw.) wird in den armen Ländern nicht geringer werden. Für staatliche Maßnahmen zur Katastrophenvorbeugung, wie z. B. für den Bau von Hochwasserdämmen oder Wiederaufforstung, fehlen die Mittel.

Die Katastrophenbewältigung beginnt bereits mit der Risikovorsorge und dem Gefährdungsbewußtsein. Es ist fatal, die Gefährdung zu verdrängen oder zu verharmlosen, wie es oft beim Verkauf von Leichtbauhäusern im hurrikangefährdeten Süden der USA geschieht, wo viele Pensionäre ihren Lebensabend verbringen. In Kalifornien sind beispielsweise die Hinweise auf das Erdbebenrisiko und Versicherungsmöglichkeiten verpflichtend für Immobilienmakler – doch das gehört zum Kleingedruckten im Vertrag, oder man redet darüber hinweg. Versicherungen weisen darauf hin, daß der auch in Mitteleuropa sich abzeichnende Trend zur billigeren Leichtbauweise angesichts der zunehmenden Sturmereignisse bedenklich sei.

Versicherung als Vorsorge

Zur Risikovorsorge gehört gemeinhin der Abschluß von Versicherungen. Das berüchtigte Erdbeben von San Franzisko 1906 ruinierte durch die damals immense Schadenssumme von 500 Millionen US$ manchen Versicherer. Heute sind in Kalifornien die Prämien für die immer noch freiwillige Erdbebenversicherung nach dem seismischen Risiko des jeweiligen Ortes eingestuft, und es gibt eine Selbstkostenbeteiligung in Höhe von 10 % der Versicherungssumme. In Japan ist der versicherbare Schaden in der Höhe begrenzt. Wenn der Gesamtschaden über 20 Milliarden US$ liegt, müssen Abstriche an den Leistungen hingenommen werden.

In Deutschland waren bisher an Elementarereignissen nur Sturm und Hagel versicherbar; für Erdbeben, Hochwasser, Erdrutsche und Lawinen gab es keine Versicherung. Einzig Baden-Württemberg, auch hier ein Musterland, hatte Versicherungen gegen Erdbeben und Hochwasser bei der zwingend vorgeschriebenen Gebäudebrandversicherung eingeschlossen.

Durch den europäischen Binnenmarkt ändert sich die Versicherungslage. Britische Unternehmen versichern schon lange Elementarereignisse und dürfen ihre Leistungen jetzt auch in Deutschland anbieten. Diese Konkurrenz veranlaßte die deutschen Sachversicherer, ein Zusatzpaket zur Gebäude- und Hausratversicherung anzubieten, das gleich das ganze Bündel der Risiken gegen Naturgefahren absichert. Die Bündelung bewirkt dabei eine Risikoverteilung im Sinne der Versicherer. Doch es gibt Besonderheiten: So werden regelmäßig vom Hochwasser betroffene Gebiete an Rhein oder Mosel nicht versichert oder nur gegen außergewöhnliche Hochwasserschäden. Außergewöhnlich bedeutet z. B., daß das Ereignis nur einmal in fünf Jahren oder seltener eintritt.

Industrieanlagen und ähnliches können gesondert gegen Hochwasser abgesichert werden. Bei Schäden an Kraftfahrzeugen durch Überschwemmungen tritt die Teilkaskoversicherung ein, wenn keine Fahrlässigkeit vorliegt. Gegen Sturm und Hagel kann man sich zumeist im Rahmen der Gebäudeversicherung absichern.

Bei nicht versicherbaren Risiken, wie den häufig wiederkehrenden Hochwasserschäden, springt der Staat – Bund oder Land – mit Steuererleichterungen oder Hilfeleistungen in die Bresche.

In Ländern mit einem hohen Anteil an Hauseigentum, wie z. B. Autralien, Neuseeland oder den USA, ist die Versicherungswilligkeit hoch. Verständlicherweise bemüht man sich, das Eigentum zu schützen, und auch die hypothekengebenden Banken bestehen auf einer Versicherung. Wo dagegen der Staat Eigentümer der Wohnungen ist, wie in den ehemals sozialistischen Ländern, besteht kaum Interesse an Versicherungen. Hier hat der Staat im Falle einer Katastrophe auch allein für den Wiederaufbau zu sorgen. Nach den Erdbeben in Süditalien und Sizilien warteten die Betroffenen lange und oft erfolglos auf staatliche Hilfe.

Katastrophenhilfe für die Dritte Welt

In den armen Ländern der Dritten Welt sind Eigentum und Versicherungen für die Mehrzahl der Bevölkerung Utopie. Weil aber auch die Regierungen dieser Länder zu arm sind für eine Katastrophenvorsorge oder -hilfe, kommen hier in erster Linie internationale, staatliche und nichtstaatliche Hilfsorganisationen zum Zug.

Dabei ist Nothilfe nicht mit Almosengeben gleichzusetzen. Bei der Katastrophenhilfe wird erwartet, daß spontan, schnell und effizient geholfen wird. Hilfsgüter müssen rasch im Unglücksgebiet verfügbar sein; und es ist fraglich, ob Altkleidersammlungen hier große Hilfe bringen. Das Engagement von freiwilligen Helfern und Rettungsteams ist hoch einzuschätzen, doch die angebotene Hilfe kann zu Problemen führen, wenn sie im Bewußtsein der Überlegenheit angeboten wird und Besserwissen spüren läßt. Eine angemessene Hilfe durch Abstimmung auf die Verhältnisse am Katastrophenort zu leisten bedeutet, die Fähigkeiten der Hilfesuchenden selbst einzusetzen. Dann können Nothilfe und Wiederaufbau einen Neubeginn bedeuten und Voraussetzungen für eigene Entwicklungen schaffen. Als Beispiel mögen die Wiederaufbauprojekte in Guatemala dienen. Hier wurden obdachlose Dorfbewohner beim Wiederaufbau ihrer Häuser in angepaßter Technologie als Bauhandwerker angelernt und hatten dadurch anschließend neue Erwerbsmöglichkeiten. Es ist wichtig, daß die Empfänger der Hilfe sich mit den Projekten identifizieren, damit die Hilfe zur Selbsthilfe anregen kann und sich die Empfänger auf ihre eigenen Füße stellen.

11 Medien und Katastrophen

Das Spendenaufkommen, mit dem die nichtstaatlichen Hilfsorganisationen ihre Einsätze finanzieren, hängt weitgehend davon ab, wie die Presse und vor allem das Fernsehen über Katastrophen berichten. Schreckliche Bilder machen betroffen, wecken Mitgefühl und bringen zugleich Erleichterung darüber, daß es einen selbst nicht getroffen hat. Weil man sich solidarisch fühlt, aber wohl auch aufgrund eines schlechten Gewissens, wird reichlich gespendet. In dieser Hinsicht sind die Medien als Anreger und Vermittler der Hilfe von unschätzbarem Wert.

Auf der anderen Seite brauchen die Medien Katastrophenberichte als Sensationen und Nervenkitzel. Doch die größte Not wird zur Eintagsfliege; sie zählt nur, solange sie aktuell ist. Der schlimme Alltag hinterher wird nicht mehr wahrgenommen, längst gibt es neue Schreckensbilder zu zeigen. Oft kommt es vor, daß sich Notsituationen zeitlich überschneiden oder von politischen Ereignissen überlagert werden, so daß keine Betroffenheit und Spendenbereitschaft ausgelöst wird.

Die Sensationslust treibt nicht wenige in die Nähe von Katastrophen. Ebenso wie Unfälle auf der Autobahn meist auf der Gegenfahrbahn Staus oder neue Unfälle heraufbeschwören – wegen der »Gaffer« –, so sind »Katastrophentouristen« eine üble Begleiterscheinung jedes Hochwassers, jedes Sturmschadens oder Brandes. Jede

Katastrophe zieht Neugierige an, die Hilfseinsätze behindern und sich selbst in Gefahr bringen. So wurden beim Erdbeben von Albstadt Neugierige verletzt, als bei einem starken Nachbeben lose Bauteile auf sie herabstürzten.

Der Kölner Regierungspräsident F. J. Antwerpes kündigte nach den schlimmen Erfahrungen beim Weihnachtshochwasser am Rhein schärferes Vorgehen gegen die Gaffer an: »Die Polizei sei befugt, Herumstehende zum Hilfseinsatz heranzuziehen«. Wenn Neugierige Gummistiefel anziehen, beim Auspumpen von Kellern helfen oder Sandsäcke schleppen sollten, würden sie wohl schnell verschwunden sein.

Literatur

Caviedes CN (1992) Naturkatastrophenforschung in Nordamerika. Geographische Rundschau 44, 6: 380–386
Franz S (1979) Wiederaufbau-Maßnahmen nach dem Erdbeben von 1976 in Guatemala. Dissertation, Universität Frankfurt am Main
Geipel R (1977) Friaul. Sozialgeographische Aspekte einer Erdbebenkatastrophe. Münchener Geographische Hefte Bd 40
Geipel R (1982) Naturrisiken als neuer Fachaspekt der Geographie. Der Erdkundeunterricht 44: 9–32
Geipel R (1983) Katastrophe nach der Katastrophe. Geographische Rundschau 35: 17–26
Geipel R (1992) Naturrisiken: Katastrophenbewältigung im sozialen Umfeld. Wissensch. Buchges., Darmstadt
Geipel R, Pohl J, Stagl R (1988) Chancen, Probleme und Konsequenzen des Wiederaufbaus nach einer Katastrophe. Münchener Geographische Hefte Bd 59
Glaser R, Hagedorn H (1990) Die Überschwemmungskatastrophe von 1784 im Maintal. Die Erde 121: 1–14
Gutdeutsch R, Hammerl C, Mayer I, Vocelka K (1987) Erdbeben als historisches Ereignis: die Rekonstruktion des Bebens von 1590 in Niederösterreich. Springer, Berlin Heidelberg New York Tokyo
Heck HD, Schick R (1980) Erdbebengebiet Deutschland. DVA, Stuttgart
Iacopi R (1980) Earthquake Country. Lane Books, California
Islam A, Kamal GM (1993) Der Flutaktionsplan für Bangladesch und seine ökologischen Risiken. Geographische Rundschau 45, 11: 666–673
Jakubowski-Tiessen M (1992) Sturmflut 1717. Die Bewältigung einer Naturkatastrophe in der Frühen Neuzeit. Oldenbourg, München

Klug H (1986) Flutwellen und Risiken der Küste. Steiner, Stuttgart

Koenig MA (1984) Geologische Katastrophen und ihre Auswirkungen auf die Umwelt: Vulkane, Erdbeben, Bergstürze. Ott, Thun

Lamping H (1978) Katastrophenhilfe als geographische Forschungsaufgabe. Untersuchungsansätze am Beispiel der Erdbebenhilfe in Guatemala. In: Frankfurter Beiträge zur Didaktik der Geographie 2: 44–51

Lamping H (1984) The use of indigenous sources for post-disaster housing. In: SIA (Schweizer Ingenieur- und Architektenverein) (Ed) Earthquake Relief in Less Industrialized Areas. Documentation 73: 109–113

Lamping H (1986) Angepaßte Technologie in peripheren Räumen. Mit Beispielen zum Wiederaufbau nach Erdbeben. Geographie und Schule 40: 2–9

Mensching HG (1990) Desertifikation. Wissensch. Buchges., Darmstadt

Münchener Rückversicherungsgesellschaft (1976) Der Capella-Orkan. Januarsturm 1976 über Europa

Münchener Rückversicherungsgesellschaft (1976) Guatemala 1976. Erdbeben der Karibischen Platte

Münchener Rückversicherungsgesellschaft (1982) Schadenregulierung bei Naturkatastrophen

Münchener Rückversicherungsgesellschaft (1983) Vulkanausbruch – Ursachen und Risiken

Münchener Rückversicherungsgesellschaft (1984) Hagel

Münchener Rückversicherungsgesellschaft (1986) Erdbeben Mexiko 1985

Münchener Rückversicherungsgesellschaft (1988) Weltkarte der Naturgefahren

Münchener Rückversicherungsgesellschaft (1990) Sturm. Neue Schadensdimensionen einer Naturgefahr

National Geographic (1981) Vol. 159, 1 (Official Journal of the National Geographic Society, Washington D.C.)

Naturgewalt Erdbeben (1987) Aktuelle JRO Landkarte: 34, 1. JRO, München

Naturkatastrophen (1980) Geographie im Unterricht, Themenheft 2: 5, 6. Aulis (Deubner), Köln

Naturkatastrophenforschung (1994). Geographische Rundschau 46: 7–8

Neumann W, Jacobs F, Tittel B (1986) Erdbeben. Aulis (Deubner), Köln
Palm R (1990) Natural Hazards. John Hopkins Univ Press, Baltimore
Plate E (Hrsg) Naturkatastrophen und Katastrophenvorbeugung. Bericht des Wissenschaftlichen Beirats der DFG für das Deutsche Komitee für die IDNDR. VCH, Weinheim
Vulkanismus: Naturgewalt, Klimafaktor und kosmische Formkraft (1985). Spektrum der Wissenschaft, Heidelberg
Rast H (1987) Vulkane und Vulkanismus, 3. Aufl. Teubner, Leipzig
Schmincke HU (1986) Vulkanismus. Wissensch. Buchges., Darmstadt
Schneider G (1980) Naturkatastrophen. Enke, Stuttgart
Schneider G (1992) Erdbebengefährdung. Wissensch. Buchges., Darmstadt
Swiss Reinsurance Company (1978) Atlas on Seismicity and Volcanism. Kümmerly und Frey, Zürich
Swiss Reinsurance Company (1982) Earthquake Risk Assessment. Kümmerley und Frey, Zürich
UNDRO (Office of the United Nations Disaster Relief Coordinator) (1982) Shelter after Disaster. New York
Unruhige Erde (1988) Praxis Geographie 5. Westermann, Braunschweig
White GF (Ed) (1974) Natural Hazards – Local, National, Global. Oxford Univ Press, New York London Toronto

Abbildungsnachweis

1, 7, 10, 12, 13, 17, 18, 19, 20, 22, 24, 25, 26, 29, 31, 33, 35, 38, 39, 41, 42, 43 und 44 H. Lamping
2 Stadt- und Universitätsbibliothek Frankfurt/Main
36 Tony Stone Bilderwelten, München 1995

Die kartographischen Arbeiten wurden von Anja Fengler, Christoph Lampe und Iris Rohrbach durchgeführt:
3 Nach G. Schneider 1980 u. H. U. Schmincke 1986
4 Nach »Naturgewalt Erdbeben« 1987
   u. »Unruhige Erde« 1988
5 Nach G. Schneider 1980 u. »Naturgewalt Erdbeben« 1987

6	Nach H Rast 1987
8, 9, 30	Nach M. A. Koenig 1984
11	Nach M. A. Koenig 1984 u. H. U. Schmincke 1986
14	Nach »Vulkanismus« 1985 u. »National Geographic« 1981
15	Nach »National Geographic« 1981
16	Nach »Naturgewalt Erdbeben« 1987
21	Nach Münchener Rückversicherungsgesellschaft 1988
23	Nach Unterlagen des Deutschen Roten Kreuzes
27	Nach W. Neumann et al. 1986
28	Nach Münchener Rückversicherungsgesellschaft 1976 u. S. Franz 1979
32	Nach »Naturkatastrophen« 1980 u. M. A. Koenig 1984
34	Nach »Naturkatastrophen« 1980 u. H. Klug 1986
37	Nach »Naturkatastrophen« 1980

Sachverzeichnis

A
Afghanistan 94, 96
Ägypten 89
Alaska 31, 33, 52, 61, 99, 126
Alpen 125, 128 ff.
Asche 26, 31 f., 34 f., 37, 41, 44, 48, 50
Atmosphäre 5, 21–24, 171 f.
Ätna 14, 41, 82

B
Bangladesch 148 ff., 185, 209
Basel 77, 121
Bauvorschriften 64, 66, 101, 103, 106 f., 153, 209
Bergsturz 5, 62, 96, 124 ff.
Bibel 13
Bodenverflüssigung 57, 61 f., 108 f., 115, 118
Bolivien 120
Brand 3, 11, 24, 26, 54, 57, 66, 101, 106, 197 ff.
Buschfeuer s. Brand

C
Caldera 28 f., 34, 46, 100, 207
Catania, Sizilien 14, 42 f., 85
China 63 f., 97, 121, 126
Corioliskraft 22, 140, 142
Crater Lake, Oregon, USA 28–30, 37

D
Darwin, Australien 150 ff.
Desertifikation 191, 194
Donauhochwasser 177 ff.
Dürre 11, 23, 190 ff., 209

E
Epizentrum 53, 78, 81, 88 f., 109, 112
Erdbeben 1 f., 3 ff., 10 f., 13 ff., 19, 24, 53 ff., 77 ff., 127
Erdbebenherd 53, 61, 81, 120
Erdbebenmessung 58 ff.
Erdbebenwellen 57
Erdrutsch 1, 48, 109, 115, 124
Evakuierung 24, 30, 32 f., 47, 51, 54, 64, 70, 128, 130, 152

F
Fildergraben 122
Flutwelle *(s.a.* Tsunami) 46, 57, 141 ff., 147 f., 173
Friaul, Italien 65, 88, 126
Fumarolen 38, 89

G
Gefahrenbewußtsein 4, 66, 165, 211 f.
Gewitter 23, 168 ff.
Glutlawine 27 ff.
Glutwolke 26 f., 32, 47
Gravitation 22
Great Plains, USA 195 f.
Guatemala 70, 74 ff., 114, 116 ff., 126, 214

H
Hagel 169, 212
Hangrutschung 5, 8, 10, 61, 96, 124 ff.
Hawaii 21, 44 f., 47, 99
Herdfläche 53
Herkulaneum 14, 37, 86
Hilfe 9, 66, 96, 194, 214 f.
Himalaja 56, 96, 125
Hochwasser *(s.a.* Überschwemmung) 23, 172 ff., 193, 212 f.
Hohenzollerngraben 122
horizontale Lasten 5, 106
Hot Spot 21 f., 45
Huascaran, Peru 132 f.
Hurrikan 2 f., 140 ff., 145 ff., 210
Hydrosphäre 5, 23 f., 171 ff.
Hypozentrum *s.* Erdbebenherd

I
Indien 96, 121
Intensitätsskala (Erdbeben) 58

Intraplattenbeben 55, 121
Iran 94 f.
Island 44

J
Japan 10, 52, 61, 67, 100, 103, 212

K
Kalifornien 1 ff., 19, 67, 103 ff., 202, 212
Kamtschatka-Halbinsel 52
Karibik 113, 115, 145 ff.
Katastrophentourismus 51, 68, 215 f.
Kontinentalverschiebung 19 f., 53
Krafft, Katja u. Maurice, franz. Vulkanologen 33
Krakatau, Indonesien 29, 46, 100
Kreta 35 f.

L
La Palma, Kanareninsel 134 f.
Lahar 27, 33, 120
Lava 25, 38, 41 f., 45
Lawine 127
Lissabon 78 ff., 100
Lithosphäre 5, 21, 54, 171
Los Angeles, Kalifornien 1–3, 106, 110 f.

M
Magma 15, 21, 25 f., 29, 34, 38, 41, 50, 89
Magnitude 58–61, 78, 80, 90
Mainhochwasser 177, 183 f.
Malibu /Kalifornien 1 f.
Man-made-hazard 6, 24
Mantle Plumes 21

Medellin, Kolumbien 132
Medien 8, 215
Messina, Sizilien 14, 81, 83 f., 100
Meteoriten 204 ff.
Mexiko 111–113, 115
Mississippi 3 f., 146, 148, 186 f., 210
Mitteleuropa 8, 77, 121, 155 f., 158, 212
Mittelmeer 10, 15, 34
mittelozeanische Rücken 20, 55-57
Mont Peleé, Martinique 26, 47
Mount St. Helens, Washington, USA 30, 47 ff.
Mythologie 13, 204

N

Neapel 36–38, 86, 88
Nevado del Ruiz, Kolumbien 28, 30, 33, 120, 132
Neuseeland 13, 46, 56, 61, 67, 126, 213
Nicaragua 116
Niigata, Japan 61, 102
Niederrheinische Bucht 121
Nördlinger Ries 207
Nordsee 161 ff., 173

O

Oberrheingraben 77, 121, 168
Orkan (s.a. Sturm, Wirbelsturm) 138 ff., 154 ff., 173

P

Pazifik 10, 19
Pakistan 96
Phlegräische Felder 89

phreatomagmatische Explosion 15, 26, 45
Pinatubo, Philippinen 30 f., 120
Plattengrenzen 17, 19, 21, 41, 53 ff., 57, 82, 100, 104, 113 f., 117, 121, 125
Plattentektonik 19, 55, 81, 171
Pompeji 14, 37, 86
Pozzuoli, Süditalien 88
pyroklastischer Strom 26, 32

R

Reid, Charles, amerikan. Geophysiker 104
Rheinhochwasser 177 ff.
Richter, Charles F., amerikan. Seismologe 58, 60, 111

S

Sahelzone 193 ff., 209
San-Andreas-Graben, Kalifornien 4, 19, 56, 104 ff.
San-Fernando-Tal, Kalifornien 107 f., 110 f., 126
San Francisco, Kalifornien 103 ff., 108 ff.
Santorin, Griechenland 34 ff., 100
Schlammlawine 1, 3, 32, 38, 50, 120, 209
Schneesturm 169 f.
Schwäbische Alb 121 f.
Sea Floor Spreading 19
Sibirien 207 f.
Sizilien 82, 84 f., 213
Soufrière-Vulkan, Guadeloupe 26, 47
Stabiae, Italien 37, 86

Sturm *(s.a.* Hurrikan, Taifun, Tornado, Wintersturm, Wirbelsturm) 136 ff., 212
Sturmflut 5, 11, 136, 146, 149, 158, 161 ff., 209
Subduktion 19, 21, 26, 48, 56, 111 f., 113
Süditalien 71, 81 ff., 85 ff., 126, 213

T
Taifun 10, 140
Tambora-Vulkan, Indonesien 27, 34, 46
Temperaturgegensatz 22
Tephra *(s.a.* Asche) 26, 34
Tornado 2, 4, 138, 166 ff.
Troposphäre 5, 22
Tsunami *(s.a.* Flutwelle) 5, 10, 28, 33, 56, 61, 63, 80, 98 ff., 102, 118, 173, 209
Türkei 72, 90 ff.
Tuve, Schweden 134

U
Überschwemmung *(s.a.* Hochwasser) 3, 5, 8, 11, 138, 148, 152, 172 ff., 193, 209
Umwelt 8, 211
Unzen-Vulkan, Japan 32 f.

V
Vaoint-Stausee, Italien 126, 129 f.
Veltlin, Italien 130 f.

Versicherung 9, 66 ff., 184, 210, 212 f.
Vesuv 14, 36 ff., 82
Vorhersage 11, 63 f., 97, 123, 143
Vorsorge 8, 24, 30 f., 64, 67 f., 127, 209 ff.
Vulkanausbruch 6, 10 f., 11, 13, 15, 19, 24 f., 27 f., 30, 33 ff., 47 ff., 52, 63, 66, 126 f., 173
Vulkanforschung 33

W
Wadati-Benioff-Zonen 21
Waldbrand s. Brand
Warnung 7, 24, 99, 144, 146 f., 150, 165, 173, 209 f.
Wasserkreislauf 23, 171
Wegener, Alfred, deutscher Naturwissenschaftler 19 f.
Wiederaufbau 69 ff., 87 f., 91 ff.
Wien 78
Windgeschwindigkeit 5, 23, 136, 138 ff., 155
Windstärkenskala 139
Wintersturm 8, 138 ff., 153 ff., 173
Wirbelsturm 3, 11, 23, 136 ff., 173

Z
Zirkumpazifik 56, 98
Zwentendorf, Österreich 78
Zyklone 138 ff.

GPSR Compliance

The European Union's (EU) General Product Safety Regulation (GPSR) is a set of rules that requires consumer products to be safe and our obligations to ensure this.

If you have any concerns about our products, you can contact us on

ProductSafety@springernature.com

In case Publisher is established outside the EU, the EU authorized representative is:

Springer Nature Customer Service Center GmbH
Europaplatz 3
69115 Heidelberg, Germany

www.ingramcontent.com/pod-product-compliance
Lightning Source LLC
LaVergne TN
LVHW010256260326
834688LV00044B/1319